飼育の教科書シリーズ

有尾類の教科書

How to keeping Salamander & Newt

イモリ・サンショウウオの仲間の紹介と
各種類の飼育・繁殖方法について

introduction

lovely　Caudata

有尾。

いきなり聞き慣れない言葉が出てきたと警戒しないでください。

"しっとり"として、愛らしく、日陰な存在のようで実は存在感抜群。

そんな彼らとのすばらしい生活のお手伝いができれば幸いです。

introduction

charming Caudata

アカハライモリやシリケンイモリといった身近な種類から、

派手な見た目のファイアサラマンダーなどの外国産の種類たち。

さまざまな愛らしい有尾たちがペットとしてかわいがられています。

CONTENTS

Chapter

01

有尾類の基礎

| Basics of Caudata |

イモリやサンショウウオという生き物についての基礎知識。
あなたの予備知識は間違えていませんか?
彼らの魅力とともにざっくりとご紹介します。

飼育の魅力

　サンショウウオやイモリの飼育というと、「触れない」「動かない」「地味」と、他の爬虫類・両生類に比べてマイナスイメージが先行してしまう人も多いかもしれない。しかし、こればかりは彼らの習性、そして、生き物としての性質上どうにもならないことであり、「触りたい」「動いてほしい」「派手さ」を求めるのであれば、他の生き物を飼育するという選択肢しかない（他に選択肢はいくらでもある）。地味ながらも、餌を与える時やメンテナンスの時などにシェルター（隠れ家）をそっとめくったらつぶらな瞳でこちらを見ていてくれたり、水槽の中のイモリがこちらをじっと見つめていたりして目が合うと至福な気持ちになったりすることが、彼らとの正しい接しかたであり、楽しみかたであると言える。また、種類によっては驚くほど人馴れする（物怖じしない）種類もあり、長期飼育しているとケージの蓋を開けただけで寄ってきてくれることもある。寿命も長い種がほとんどなので、彼らの性質に合わせて、長く、ゆるく付き合い、じっくりと飼い込むことが大切であろう。

は/じ/め/に

オオサンショウウオは例外的にほぼ水棲

　本書で紹介する有尾類の中には、サンショウウオ（サラマンダー）が含まれている。われわれ日本人は、サンショウウオというと真っ先にオオサンショウウオを思い浮かべる人も多いであろう。オオサンショウウオは世界最大の両生類であり、そのインパクトと自国の種という身近さから、それは仕方ないことであるかもしれない。ただ、オオサンショウウオはほぼ完全水中生活の種類であり、そのイメージのせいか他のサンショウウオも水中で飼育する種類が多いと思われている人が多かったりする。しかし、実際のところ、ほぼ完全水中飼育の種類は一部のイモリを除いてあまりおらず、サンショウウオ（サラマンダー）に関しては陸や土中を好む種類のほうが大多数を占める。

　有尾類の飼育において最大のポイントを1つだけ挙げるとすれば、それは温度（気

温や水温）であろう。これは多くの無尾類（カエル）にも言えることであるが、ほとんどの両生類は極度の高温を非常に苦手としており、その中でも有尾類は大半において、現在の日本国内の真夏の気温で、何も対処なしで飼育できる種類・地域はほぼないと言っても過言ではない。しかし、逆に低温にはことさら強い種が多く、多くの爬虫類飼育では冬場に保温器具を用意したりして対処しなければならないのに対して、有尾類飼育だと秋から春にかけては気が楽になる。「多くの爬虫類の飼育と苦労が逆なだけ」と解釈してもらえればいいのかもしれない。ただ、冷やすことは暖めることよりもやや難しく、多くの人が苦労する可能性が高い。そうなると「普通の人では有尾類の飼育は不可能?」と思われてしまうかもしれないが、もちろんそのようなことはなく、種類こそ限られてしまうが、工夫次第では十分飼育を楽しめる。後述の飼育器具の紹介や種別解説を参考に、好みの種類を選んでいただきたい。

分類と生態

　「有尾」という呼び名はやや専門的でとっつきにくいと感じるかもしれない。これは分類からきている呼び名で、正しくは「有尾目（Caudata）」となり、両生網に属する目（モク）単位の分類の1つである。ペット市場では総称して「有尾類」と呼ばれることが多く、サンショウウオやイモリを中心として構成される部類で、マニアックなところではサイレンの仲間も有尾類に入る。ざっくりと言ってしまえば、"尾がある両生類"であり、カエルなどは尾がない「無尾目（Anura）」となる。とはいえ、イモリ・サラマンダー・サンショウウオetc、どのように呼んだところで間違いではない。分類をする学者じゃないならば、相手に通じればOKである。

　有尾目の多くは、北半球の冷涼湿潤な森林やそれらを流れる小川（渓流）付近など

に生息し、一部、中南米の森林に生息する種類も存在する。オーストラリアには存在が確認されていない。アフリカには分布がないかと思いきや、ファイアサラマンダーの一部が北アフリカ（モロッコなど）に生息している。陸棲種は主に視覚を頼りに餌を探し、生きている昆虫やミミズ・ナメクジなどを短い舌を出して器用に捕食する。水棲種は主に側線器官（水圧や水流の変化

を感じ取る器官）と嗅覚を頼りにしており、吸い込むように水棲昆虫や小さな魚類・甲殻類などを捕食する。本来はこのように生きた虫などを餌としている生き物であり、後述の人工飼料への餌付けに関しては、あくまでも「オマケ」であると考えていただきたい。

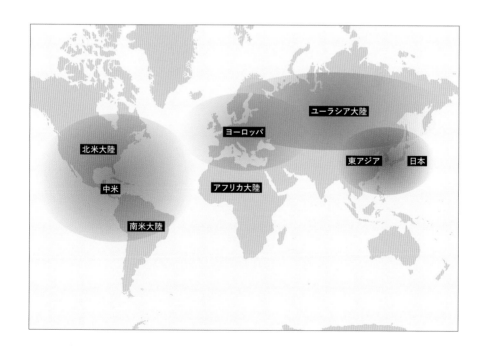

身/体/

外見はイモリやトカゲなどと似て、細長い胴体に長い尾、そして、短い四肢（サイレンは前肢のみ）を持つ。鱗を持たない代わりに魚類のように皮膚に粘液（粘膜）を持ち、その粘液には毒を持つ種が多く、日本のアカハライモリや北米のカリフォルニアイモリなど、一部の種の毒はフグ毒と同じテトロドトキシンであることが知られている。しかし、だからといって恐れることはなく、触れた手で物を食べたり目をこすったりすることをせず、きちんと手を洗うことを心がければ何も問題はない。ただ、皮膚の弱い人や外傷のある人は無理をせずにトリル手袋（手術用手袋のようなものなど）をして触れるようにすると良い。

目 ── 口
頭
前肢
体表
後肢
総排泄口
尾

尾　　　　総排泄口

また、ファイアサラマンダーの仲間は、外から強い刺激を受けると耳線や背中などからアルカロイド系の神経毒を分泌する。相手をめがけて毒を飛ばすとも言われているが、これは筆者は過去に一度も見たことがなく、飼育下ではやや考えづらいので割愛する。この毒も強く、皮膚の弱い人は素手で触らないほうが無難である。

いずれにしても有尾類全般において皮膚は非常に敏感な部分であると言えるため、手に持って遊んだり、スキンシップをとるなどの行為は絶対に避ける。メンテナンス時の移動などはもちろん必要であり、その程度は問題ないので、そのような最低限の接触を心がけて飼育したい。

皮膚から滲み出た毒（白い部分）

口
舌を伸ばして捕食したり、周囲の水ごと飲み込むように餌を捕らえる

目
餌や飼育者を認識することができる。慣れるとピンセットから餌を食べるようになる個体もいる。動きに反応することが多い

頭
イモリなど一部の種類ではオスの頭部はより大きくなる

体表
陸棲期（陸棲種）はわりとごつごつしているが、水棲期（水棲種）はぬるぬるしていることが多い。皮膚は粘液で覆われ、強い毒を有するものもいる

総排泄口
尾の付け根に備わる器官。糞尿のほか、生殖器や卵（孵化仔）もここから出てくる

前肢
再生能力が高く、噛み合いなどで欠損してもやがて再生することがほとんど

後肢
種により指の本数が異なることもある

尾
概ね長い尾を備える。イモリなどは尾の形状で雌雄判別できる

体表　　　頭　　目

後肢　　前肢　　口

迎え入れから
飼育セッティング

| pick-up to breeding settings |

有尾類という生き物の飼育に興味が出てきたら、
飼育設備を整え、お気に入りの個体を探すことから始まります。
決して焦らず、自宅の環境を理解しながら、
有尾類のようにじっくりゆっくり進んでいきましょう。

迎え入れと持ち帰りかた

アカハライモリやシリケンイモリなどはホームセンターや大型熱帯魚店（量販店）などでも見かけることが多いかもしれないが、その他の有尾類に関しては基本的に爬虫類ショップ（専門店）での購入となる。しかも、分野としてはやや特殊であるため、

専門店の中でも取り扱いのあるお店は限られてくる。逆に言えば、常時それなりの種類数を扱っているお店は普段から有尾類の取り扱いに慣れている場合が多く、導入時も不安は少ないと言える。専門店はとっつきにくいイメージもあるかもしれないが、

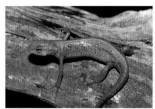 

初挑戦や不安の多い人ほど、できるだけ専門店での購入をおすすめしたい。

　また、近年は爬虫類即売イベントも多く開催されているのでそこでの購入も悪くないが、どちらにしても取り扱うブース（お店）は限られてくるうえに、開催時期によっては移動や展示時のリスクを考慮して、両生類全般の出品を控えるお店も多いので、店舗へ行っての購入がより確実であろう。

　通販も2020年8月現在、両生類に関しては規制はないので、近くにお店がない場合などは利用したいところである。しかし、真夏に関してはもちろん大きなリスクがある。通販の出荷経験の浅いお店も少なくないので、これも取り扱いに慣れているショップを選びたいところだ。購入する側、特にお目当てのお店の都道府県から翌日の

午前中に到着しない地域にお住まいの人は、真夏はできるだけ避けるなどの"自衛"もしたい。

　持ち帰りに関しては、慣れているショップでの購入であればお店に任せておけば問題ないと言える。しかし、個々の移動手段まではお店側も把握していないので、真夏で徒歩や自転車移動の時間が長い場合などは、自前で保冷バッグと保冷剤を持っていくなどの工夫をしたい。保冷剤が家にない場合は、途中のコンビニなどで凍らせてある飲み物を購入し、それを保冷剤代わりにするのも良い（後で飲めて一石二鳥!?）。有尾類を多く扱っているお店では保冷剤を準備してくれていることも多いので、行く前にお店に確認してみても良いであろう。

～ 飼育ケースの準備 ～

陸棲・簡易タイプ

陸棲種や半陸棲種の飼育スタイルはさまざまな形が考えられるが、驚くほどにシンプルな形での飼育開始が可能である。ここに最低限必要な器具を挙げておく。

・通気性があり隙間なく蓋ができるケース
・床材
・水入れ
・シェルター（隠れ家）
・温度計

これらがあれば、ひとまずほとんどの種類は飼育開始可能であり、その使用方法はセッティング例（p.23）をご覧いただきたい。

まずケージに関して、選ぶ最大のポイントは「通気性」である。有尾類というと、水分や湿度の多い環境での飼育というイメージを強く持たれがちで、場合によってはタッパーやシューズケースなどで飼育できると思われる人がいるかもしれない。し

かし、通気の悪いケースで高温にしてしまうと飼育環境内がすぐに蒸れてしまい、多くの種類は瞬く間に調子を崩す。また、床材の汚れが元となって菌の繁殖も格段に早くなり、自家中毒（後に解説あり）が発生して死亡してしまう可能性が非常に高くなる。常時、エアコンが設置できない場合など、高温の心配がある場合は特に通気の良いケージを選ぶようにしたい。

床材は非常に難しいところである。というのも、多くの選択肢があり、本来なら種類により少しずつ変えたいところだったりもする。また、飼育経験の深い人は各々のやりかたを持っており、同じ種類でも人によって選ぶものがだいぶ異なる場合もある。ここではあくまでも筆者の経験とまわりからの意見を総合的に判断しての解説とお考えいただきたい。p.23のようなスタイル（簡易ビバリウム）を前提とすると、園芸用の赤玉土（小粒）や保湿力のある爬虫類飼育用ソイル類、水質に影響の少ない熱

しっかりと蓋のできる通気性の良いケースが向く

帯魚用ソイル類などが入手もしやすく汎用性がありおすすめである。誤飲を心配される人も多いが、自然由来のものであれば、よほど過剰な誤飲をしないかぎりは問題ないと言える。その程度の誤飲で死んでいては、野生下で全ての有尾類が生きていけないことになってしまうことに気がついていただきたい。ただし、水苔を使用する際は注意が必要である。水苔も自然由来のものに間違いはないが、1つの塊が非常に大き

く、その端っこを間違えてくわえてしまった場合、なまじ柔らかいものなので有尾類は吐き出すことをせず、大きめの餌だと間違えてグイグイと飲み込んでしまう可能性が高い。水苔の大きな塊を飲み込んでしまうと、さすがに自然由来とはいえ消化することは難しく、かといって口からも出せず排泄もできずで、体内に留まってしまい、それが原因で死亡してしまうケースもある。保湿力もあり便利なものではあるが、

使用する際は近くで餌を与えない、くわえてしまったらすぐに引き出すなど、飼育者が注意する必要がある。

あと、その他は各々気に入ったものを選んで使用すれば良い。水入れは個体が完全に入れる程度の広さがある浅めのものであればどのようなものでも問題ない。シェルターは"広すぎない"ことを条件として、既製品を使っても流木やコルクをうまく組み合わせても良いであろう。

温度計は気温の目安として設置しておきたいところであるが、湿度計に関してはどちらでも良い。これはあくまでも個人的な意見であるが、では仮に、「湿度60〜70%を維持してください」と筆者が指示をしたとして、いったい何人の人がそれを維持で

きるだろうか。おそらく筆者も無理である。なぜなら1日の中で世話ができる時間などは限られていて、それ以外の時間で指示された湿度維持のために加湿や除湿ができるのかという話になってくる。ならば、どうやって湿度を判断したら良いかと聞かれるが、答えは非常にシンプルで、「各々の目」で判断すれば良い。床材や苔を見て湿っているか乾いているか、そのくらいは飼育経験が浅くても分かるはずである。後のメンテナンスの項で詳しく解説するが、湿度計を設置するなというわけではないが、湿度計に捉われすぎての過剰なメンテナンスを防ぐ意味でも、目測を大切にしたいところである。

〜 飼育ケース準備 〜

陸棲・簡易タイプ

飼育ケース例

赤玉土
水気を含むと色が変わるの
で、湿り気を把握しやすい

水入れ

シェルター

蓋のできる通気性の
良いケースが向く

| 赤玉土 | フロッグソイル | テラリウムソイル |

～ 飼育ケースの準備 ～

陸棲・ビバリウム

　先述はあくまでも最低限のシンプルな道具立てでの飼育を解説したが、近年では生きた苔を多く利用した、いわゆる「苔リウム」のような形での有尾類飼育も多く行われている。また、ヤドクガエルを飼育するような、さまざまな陸棲植物を植栽した「ビバリウム」での飼育も非常におもしろく、入れる植物にもこだわる人も多く見受けられる。

　ただ、いずれにしても言えることは、苔を含む植物を長期維持することは有尾類を飼育するよりも難しい場合がほとんどであり、なかなか思うようにはいかない場合が多いということを念頭に置いてチャレンジすることをおすすめする。特に苔類は維持が非常に難しい種が多く、高温・乾燥下ではほとんどの種類は長持ちしない。かといって、多湿にして空気の流れが減るとそれもよろしくない。「やや低めの気温・ほど良い湿度・空気の流れ・適度な日照」この4点がマッチした時、初めて苔リウムが

うまくいくようになる。写真で見るようなきれいなケージをすぐに維持できると思わず、失敗しても工夫しながら徐々に完成させていきたい。

　ヤドクガエルを飼育できるようなビバリウムがあればほとんどの陸棲種はそこで飼育できると言える。ただ、地中を好むマーブルサラマンダーやスポットサラマンダーなどは植物を掘り起こしてしまう可能性もある。また、あまりに複雑なレイアウトをしてしまうと、なかなか個体の姿を確認できなくてヤキモキしてしまうかもしれないので、ある程度シンプルに植栽をしたビバリウムが良いであろう。

小さな流れのあるビバリウム

～ 飼育ケースの準備 ～

水棲・簡易タイプ

陸棲種の簡易タイプ同様、こちらも非常にシンプルな形でも飼育開始が可能である。極端な話をすれば、水を入れられるケースとしっかりした蓋、そして、サイズの合う流木1個でもあれば飼育スタートできるだろう。アカハライモリやシリケンイモリなどはそれでも十分長期飼育できたりもする。

最低限必要なものは、
・飼育ケース（蓋のできる水槽）
・陸場になるもの（流木・大きめの石・レンガなど）
・底砂（使わない場合もあり）
・水温計

このくらいの設備である。これらがあればひとまずは多くの水棲種を飼育できると言える。セッティングの方法はイラストを参考にしていただければわかりやすいであろう。よく水の深さはどのくらいがいいかと質問を受けるが、水は多ければ多いほど良い。理由は簡単で、多ければ多いほど水質は悪くなりにくいからである。しかし、多くの種類は陸場も必要とするため、どのような形かで陸場を設ける必要がある。深くして陸場が作りにくいようであれば浅くしてももちろん問題ないが、水の量は少なくなるので、こまめなメンテナンスを心がけるようにしたい。

水質は、厳密に言えば種類によって若干好む水質が違うのだが、ほとんどの種類は「古い水」を好まない（アンヒューマはやや使い込まれた水を好む）。日本の水道水は非常に優秀で、若干の地域差はあるがどの地域でもほとんど中性の良い水が蛇口から出てくるので、下手に汲み置きや水質調整などはせず、カルキだけ抜いた新鮮な水を使ってセッティングするようにしたい（粘膜保護剤などはお好みで使用しても良い）。

濾過器に関しては、もちろん簡易的なものでも取り付けたほうが良い。

しかし、いくつか欠点や不安点が出てく

飼育ケース例

**投げ込み式
フィルター**

蓋のできる爬虫類・両生類用ケースが使いやすい

陸上

るので、今回は必須項目に入れなかった。
それらをこちらに列挙しておく。
・外掛け式や外部式濾過器の場合、蓋を厳
重にできないことが多い
・濾過器に頼りすぎて水が古くなりがち
・濾過器のタイプによっては水流が強くな
ることが多い（水流を嫌う種類も多いため）

特に蓋の問題は非常に重要である。特に
近年は外部式濾過器が手頃な価格で購入で
きるため、利用者も増えている。しかし、
給水パイプと排水パイプを設置する必要が
あり、それらは蓋をする時の大きな妨げと
なる。外掛け式も同様で、こちらはそもそ
も本体が大きな妨げとなるうえ、あまり浅

迎え入れから飼育セッティング

い水深では使えないことも多い。これらを
使用する際は、パイプなどの場所以外に蓋
をして、それらの周囲にスポンジなど詰め
て補助する必要がある。脱走させないよう
十分注意して設置したい（投げ込み式の場
合のエアチューブや電源コードの周辺も同
様である）。

そして、もちろん濾過器を設置したから
といって水換えをしなくていいわけではな
い。このへんは熱帯魚や金魚の飼育経験者
なら至極当然なこと理解できると思う
が、濾過器（特に水棲有尾類飼育において）
はあくまでも水換えの補助的な役割であ
り、水換えをしなくて良くなるものではな
い。言うなれば、「ほぼ毎日水換えをしな
ければならないところを、数日延ばせる」
というように解釈いただければと思う。

濾過器のタイプはどのようなものでも良

シンプルなセッティング例。メキシコサラマンダー（ウーパールーパー）。
上陸することはほぼないので、水位は高く、陸場を設置していない

水/棲/・/簡/易/タ/イ/プ/

いが、投げ込み式の水中フィルターは機械部分が水中に入るため、水温の上昇が心配される。また、水流もやや強くなりがちであるため、あまりおすすめはできない。水槽の広さや各個人の使いやすさにもよるが、一般的なプラケース程度の広さであれば、エアリフト式の簡易フィルターが良いであろう。エアーを送ることによって、わずかではあるが水温を下げる効果も期待で

きるので、特に夏場で水温が心配な場合は使いたいところである。

蓋のできるケースを選ぶと良い

アカハライモリの飼育水槽

小型の投げ込み式フィルター

メキシコサラマンダー

イベリアトゲイモリ"リューシスティック"

水棲・アクアテラリウム

　半陸・半水場のいわゆる"アクアテラリウム"での飼育もおもしろいかもしれないが、あまりに複雑なレイアウトを組んでしまうと、万が一個体が水中から奥へ入ってしまった場合、出てくることができずに溺死してしまう可能性もある。取り出せないような隙間ができてしまっている場合は、ウールマットなどで塞ぐようにしたい。

　陸場にはもちろん植物を植えたり苔を配置したりするが、特に植物は伸びることを計算に入れて、あまり過剰な量にならないようにしたい。陸棲種のビバリウムも同じことが言えるが、あまりに植物が繁茂しすぎて"イモリの居場所"がなくなってしまっては本末転倒である。最初は「ちょっと寂しいかな？」と思うくらいの量がちょうど良いかもしれない。

　陸場はどのように作っても良いが、砂やソイルなどを小さなプランターなどに敷き詰めてそれごと水槽に入れ、そこに植栽をしたりする方法がメンテナンスまで含めて容易である。プランターなどが見えて格好悪い場合はそれらを流木や石などを使ってうまく隠すようにする。ケージに直接たくさんの砂やソイルを入れる方法でも良いが、思うように形が作れなかったり、メンテナンスで苦労したりすることが多いので、一般的にはあまりおすすめできない。

　滝など水の流れを作りたい人も多いと思うが、その場合は外部式フィルターや水中ポンプなどを使うことになるため、先述のポイント（欠点）をしっかり頭に入れていただきたい。そして水中ポンプを使用する場合は、必ずメンテナンスのことを考えた配置（設置場所）にすることを心がけたい。格好良いアクアテラリウムを作ろうとするあまり、ポンプを奥の奥へと隠そうとする人も多い。しかし、そうなると目詰まりした時やポンプの掃除の時、全てのレイアウトを崩さなければならないかもしれない。目隠しをしつつ、取り出すことまで計算して配置をするようにしたい。

手前が水場。中央に小さな流れがある

揚水力のある水中ポンプ。ビバリウム
では使われるシーンも多い

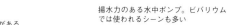

シェルターと その他レイアウト品

どのタイプのセッティングをするにしても、シェルターやその他に入れるものは特別これと言ったものはない。シェルターに関しては市販の製品を使っても良いし、流木やコルクなどを用いてそれらの下に入る（潜る）ような配置にしても良い。いずれにしても、シェルターは広すぎてはあまり意味がない。特に陸棲種に関してはぎりぎり入れるような隙間を好むので、体を丸めてちょうど入れるくらいの場所があれば十分である。地中を好む種類は苔の下でも十分シェルターの代わりになる。水棲種に関しては土管のようなものなどを沈めておけばその中に入って休む姿が見られるであろう。小型水棲種には水草の間も良い隠れ家になるが、植えてしまうとメンテナンスが面倒になってしまうので、流木に活着したミクロソリウムやアヌビアスをうまく使ったり、アナカリスを植えずに漂わせたりしてメンテナンスの妨げにならないようにしたい。

爬虫類・両生類用のウェットシェルター。上に水を貯めることで内部の湿度を保つことができる

鉢受け皿。水たまり代わりに設置する

炭片。においを吸着する効果が期待できる

イオレイズ。消臭・殺菌効果が期待できる爬虫類・両生類グッズ

温度管理と照明

有尾類に保温器具は無縁だと思われる人も多いかもしれないが、一部の種は日本の真冬ほど寒くならない地域に棲んでいたりするものもいるので、種類限定となるものの保温器具の用意も必要となる。今回図鑑の中に紹介した種類であれば、ラオスコブイモリ・ベトナムコブイモリ・ミナミイボイモリ・ポルトガルファイアサラマンダー・ベルサラマンダー・アンヒューマなどは、お住いの地域にもよるが真冬に飼育部屋が10℃を大きく下回るようであれば、かるく保温をしたほうが無難である。保温の方法は、陸棲種の場合はパネルヒーターを使う方法が一般的であるが、当てかたによっては暑すぎてしまうので注意が必要である。水棲種は熱帯魚用ヒーターを用いれば問題なく、金魚用として販売されている、あまり高温にならない（できない）ようなヒーターでも十分である（いずれにしてもヒーターカバーは必須）。

一方、保冷器具は非常に重要である。言い換えれば、夏場に保冷さえできればどうにか飼えてしまう種類も多いと言える。飼育ケースが多ければエアコンで一括管理してしまうことをおすすめしたい。近年のエアコンは電気代も安いため、自身の快適性の面でも、せめて真夏（7〜9月など）だけでもエアコン管理をしたいところである。

もし、どうにもそれが難しい場合、陸棲種に関してはとにかく風通しを良くすることを心がけたいので、熱帯魚用の小型ファンで風を遠めから当てたり、風通しの良い場所へケージを移動させるなどを検討してほしい。水棲種の場合は外部フィルターなどに接続できる水槽用クーラーを導入したいが、小さなものは高温下では効果が非常に薄いので、ワンサイズ大きめのものを使うようにしたい。小型のケージが多い場合は、ワインセラーや冷温庫も良いアイテムである。しかし、庫内は空気の流れはあまり良くないため、こまめに空気の入れ替えをしたい。また、安価なそれらは1〜2年で壊れたという話を非常によく聞くため（しかも暑くなるかたちで壊れることがほとんど）、できるだけ信頼のおけるメーカーのものを購入するようにしたほうが安心（量販店で1万円前後で売っている小型のものは、個人的には絶対におすすめできない）。

照明器具は基本的には不要である。ただ、植物や苔類の育成をしたい場合、光合成は必須なので、それに対して照明器具を設置するという形になる。照明器具からの発熱が生体に悪影響を及ぼさないよう注意したいところなので、近年主流となっている小型LED照明など発熱が少ない製品を使うと良いであろう。

使いやすい 植物図鑑

イモリウムをはじめとしたビバリウムで、イモリやサラマンダーを飼育している例も増えてきている。先に紹介したように、込み入ったレイアウトを施すとメンテナンスの手間が増えるが、それも世話の楽しみの1つ。複数匹を収容しているビバリウムでは特に個体管理を怠らず、きちんと1匹1匹が餌を食べているかどうかなど確認したい。植物の育成には屋内のケース内ということで、どうしても光量が不足しがちになるため、鬱蒼とした林床に生えるようなシダや苔などが向いている（観賞魚用蛍光灯などを設置すれば光量不足は補えるが）。ビバリウムの生育環境もさまざまで、同じ

ケース内でも風通しや湿度などに変化がある。うまく植物を育成させることが難しい面もあるが、ここでは使いやすい植物を紹介する。実際に植えてみてうまく生長してくれると嬉しいものだ。これらは園芸店やビバリウムに力を入れている爬虫類・両生類専門店などで入手できるものがほとんどだ。中でも、ポトスやツヤゴケ・ハイゴケ・シノブゴケ・コクランなどの小型の地性ラン・ユキノシタなどはビバリウム内でも長持ちすることが多く、使いやすい植物だと言えるだろう。ウラボシ科も乾燥にも強く着生するため、使いやすい。

ポトス。丈夫で入手も容易。
サトイモ科

フィロデンドロン。さまざまなものが
園芸店などで流通する。サトイモ科

ミクロソリウム。水中葉は観賞魚店な
どで広く市販されている。ウラボシ科

ジュウモンジシダ。名のとおり十字
型の葉。オシダ科

リョウメンシダ。表裏が同じような植
物。オシダ科

ハカタシダ。先に向かうにつれ細くな
る葉を持つ。オシダ科

ホシダ。身近なシダ。ヒメシダ科

クルマシダ。濃い緑色の葉。チャセン
シダ科

アマクサシダ。葉の位置は左右不対称。
イノモトソウ科

クマワラビ。先端部分が小さい。オシ
ダ科

イワヒトデ。間隔をおいて細長い葉を
付ける。ウラボシ科

シシガシラ。普通に見られるシダ。シ
シガシラ科

ハコネシダ。丸く小さい葉を付ける。
ホウライシダ科

ヘラシダ。細長い葉をしたシダ。イワ
デンダ科

ミツデウラボシ。3つに分かれた葉を
持つ。ウラボシ科

ヤノネシダ。三角形や細長い葉をして
いる。ウラボシ科

カタヒバ。岩の上を好み、片方にのみ
伸長する。イワヒバ科

使いやすい
植物図鑑

イワヒバ。別名岩松のとおりマツに似た葉を付ける。イワヒバ科

ヤリノホクリハラン。森や沢周辺の湿った場所に多い。ウラボシ科

キクシノブ。菊の葉のような形状。シノブ科

ヌリトラノオ。細長い形状で先端に向かうにつれ細くなる。チャセンシダ科

アオガネシダ。小型で使いやすいシダ。チャセンシダ科

イワタバコ。湿った岩場などに生える。タバコの葉に似た形状。イワタバコ科

コクラン。花は濃い紫色をした地性ラン。ラン科

マメヅタ。丸い小さな葉が並び、岩などに着生するシダの仲間。ウラボシ科

コウヤノマンネングサ。小さな木のような形状をしている大型の苔。コウヤノマンネングサ科

ノキシノブ。ヤナギのような葉をした着生植物。ウラボシ科

ユキノシタ。山菜や薬用としても使われる。ユキノシタ科

ヒメイタビ。つる性植物。クワ科

オオタニワタリ。園芸店などでも売られている着生植物。大型になる。チャセンシダ科

クラマゴケ。苔のようなシダ植物。イワヒバ科

コウヤノコケシノブ。小型の着生シダ。コケシノブ科

オオシラガゴケ。名のとおり白髪のような色が美しい。シラガゴケ科

アラハシラガゴケ。名のとおり葉がまばらで細長い。シラガゴケ科

ホソバオキナゴケ。木の根元に盛り上がるように生育する。盆栽などでよく使われる。シラガゴケ科

使いやすい
植物図鑑

スギゴケ。多数の細い葉が並ぶ。スギゴケ科

ホウオウゴケ。高光量と炭酸ガスの添加で水中葉になる。ホウオウゴケ科

ツヤゴケ。ビバリウムでは使いやすい苔の1つ。ツヤゴケ科

チョウチンゴケ。暗く湿った場所を好む。チョウチンゴケ科

ヒノキゴケ。何かの尻尾のような形状が特徴的。ヒノキゴケ科

ヒツジゴケ。ふさふさとした質感で、岩上などに生える。使いやすい。アオギヌゴケ科

スナゴケ。日本庭園などで使われる乾燥に強い苔。ギボウシゴケ科

ハイゴケ。ビバリウムで使いやすい苔の1つ。ハイゴケ科

シシゴケ。針葉樹の根元などで見られる。シッポゴケ科

使いやすい
植物図鑑

タチゴケ。庭園やテラリウムなどでよく使われている。スギゴケ科

タマゴケ。小さな球（朔）を付ける。タマゴケ科

シノブゴケ。南米ウィローモスのような細かな葉が美しく、よく使用される。シノブゴケ科

オオシッポゴケ。名のとおり尻尾のような形状の大きな苔。シッポゴケ科

ホソバミズゴケ。湿地に生える苔。ミズゴケ科

ウチワゴケ。団扇のような形状の葉を持つ小型の着生シダ。コケシノブ科

ジャゴケ。鱗のような表面をしているためこの名がある。ジャゴケ科

ケゼニゴケ。湿った場所に生える。アズマゼニゴケ科

基本用語集

—— Basic glossary of Caudata ——

ロカリティー	英語の locality がそのまま使われている形で、「産地」という意味でしばしば使われる。有尾類は産地によって特徴が出る種も多く、同じ種類でも産地ごとに分けて飼育したい人も多いため重要となる。
幼生	基本的には卵から孵化して水中にいる状態の赤ちゃんを指して幼生と呼ぶことが多い。外鰓があるなど、親と異なる姿をしていることがそう呼ぶための条件であり、後述の「幼体」とは意味が異なる。
幼体	幼生と混同しがちであるが、こちらは単にその種の子供の頃を指しており、大きくなると「亜成体」や「成体」と呼ばれる。厳密に言えば幼生も幼体と呼んで間違いではないと思うが、有尾類の場合は区別したほうが良い。
ネオテニー	日本語表記では「幼形成熟」もしくは「幼態成熟」。性成熟した成体でも幼生や幼体の性質や特徴が残り続ける状態のことである。有尾類にはこの特徴を持った種が多く見られ、身近な存在ではウーパールーパー（メキシコサラマンダー）がその筆頭である。他にサイレンの多くやマッドパピーの仲間なども当てはまる。いずれの種も成体になっても外鰓を持ち続けることがその理由である。
バランサー	日本語表記では「平衡器官」。人間にももちろんあり、それは内耳にあるが、イモリは幼生の頃に頬のあたりからヒゲのように外へ向かって1本伸びている。これは平衡感覚を保つ役割を果たすが、左右に傾きすぎないように支えているようにも見える（真意は不明）。
婚姻色	爬虫類ではあまり馴染みがないが、熱帯魚などでは目にする機会も多い単語。繁殖期になるとオスがメスへのアピールのために体色を変えた状態のことを指し、基本的には派手になることが多い。有尾類の場合、それは尾に出る種が多く、水棲のイモリの多くはこれが見られる種も多い。逆に、陸棲種はあまり見られない種が多い。
精子嚢	精包とも呼ばれ、簡単に言ってしまえば精子の入ったカプセルである。イモリやサンショウウオの多くはこれを体外にて受け渡しすることで交尾が完了となる（繁殖の欄に記述）。
外鰓	「ソトエラ」ではなく「ガイサイ」と読むのが一般的で、文字どおり体の外にある鰓（エラ）のこと。魚類の多くやカエルのオタマジャクシなどは体内に鰓があるのに対し、有尾類の幼生や幼形成熟（ネオテニー）種、魚類の一部（ポリプテルスの幼魚など）は外鰓を持つ。
クレスト	英語の crest (crested) から来ている用語で「トサカ」や「背中の突起」という意味があるが、有尾類の飼育においての使われかたもそのままである。ヨーロピアンニュート（マダライモリやアルプスイモリなど）が、繁殖期になり水に入ると背中の中心部分から徐々に突起が伸び、魚の鰭のようになる。これを「クレスト」と呼ぶ。

イベリアファイアサラマンダー"オビエド"。オビエドの地域個体群またはそれから得られた個体。このように産地名が添えられて流通する種類もある

アカハライモリの幼生。外鰓が備わる

アカハライモリの幼体。上陸すると外鰓がなくなり肺呼吸となる

バランサーは止水性サンショウウオの幼生に多く見られる

尾が紫色に染まるアカハライモリのオス。婚姻色と呼ばれる

背のクレストが伸長し始めたダニューブクシイモリ

日常の世話

| e v e r y d a y c a r e |

飼育に餌やりや掃除などのメンテナンス（手間）はつきもので、
それは有尾類ももちろん例外ではありません。
手間を楽しむのが趣味であり、手間を楽しめる人こそ、真の趣味人だと言えるでしょう。

餌の種類と給餌

　基本的に野生下では昆虫やミミズなどを好むため、餌は活昆虫や冷凍アカムシと相場が決まっているように思われるが、意外と使える餌は多い。専門店などで購入することのできる有尾類に使える餌をおおまかに分けると以下のようになる。

【陸棲種】
・コオロギ
・ワラジムシ
・ハニーワーム

・人工飼料各種（レプトミンなど）
・冷凍アカムシ
・活イトミミズなど

【水棲種】
・冷凍アカムシ
・冷凍＆活イトミミズ
・沈下性人工飼料
・活魚（メダカ・アカヒレなどの小魚）
・活イトミミズなど

イエコオロギ

イエコオロギ（Mサイズ）

フタホシコオロギ（Sサイズ）

フタホシコオロギ（Mサイズ）

まず陸棲種であるが、基本的に活昆虫を
ベースと考えていただければ良い。近年は
人工飼料を使用する飼育者も多く、人工飼
料を食べることが当然のような風潮になっ
ているが、あくまでもそれは「餌付けをし
た個体の場合」であり、繁殖個体であって
も何もせず最初から躊躇なく食べるという
個体は少ない（タイガーサラマンダーの仲
間などは例外）。もし、人工飼料を使いた
い場合でも、最初は活昆虫をばら撒きで与

えることを前提とし、その次に軽く絞めた
コオロギや冷凍コオロギをピンセットから
与えても食べるように慣れさせ、その次に
初めて人工飼料にトライするという流れと
なる。その場合もただ置いておくだけでは
食べないので、ピンセットで動きをつけた
り、鼻先に持っていってにおいを嗅がせた
りして、食べてくれるように操作する必要
がある。一度慣れたら継続して食べてくれ
るであろう。

ハニーワーム

アカムシ（冷凍を解凍したところ）

活イトミミズ

ワラジムシ

　ハニーワームはどの種類でも非常に反応が良く、ついつい与えたくなる餌であるが、高カロリーであることと、やや消化に悪いことが難点であるため、たまに与える栄養剤として、もしくは導入時にその他の餌を食べてくれない時のきっかけ作り用としてお考えいただきたい。

　いずれの場合においても、与える餌には市販されているカルシウム剤やビタミン剤を使用するようにしたい（特に活き餌を使う場合は必須である）。有尾類の場合は紫外線を当てて飼育することはないので、ビタミンD3入りのカルシウム剤を給餌の2〜3回に1回程度使用する程度で十分である。ビタミン剤（マルチビタミンなど）も同じような間隔で使用すれば問題ないので、「カルシウム→ビタミン→何も付けない」というようなローテーションでも良いと思う。しかし、もちろんそこまで厳密にする必要はなく、ビタミンにしてもカルシウムにし

ワラジムシのストック例（蓋を外したところ）

レプトミン

ウーパールーパーの餌

メダカ

餌の種類と給餌

ても与えすぎは良くないので、個体の状態などを見ながら調整したい。

　水棲種に関しては、陸棲種に比べて餌において苦労することは少ないと考える。理由は簡単で、よほどの頑固な種類でなければ冷凍アカムシやイトミミズはほぼ確実に食べてくれるからである。ひとまずそれらを食べてくれていれば当分、生死の問題はない。あとは人工飼料へ慣らしていくかどうかは各個人の自由である。アカムシを少量与える中に混ぜて落とし込んだり、アカムシの汁を染み込ませたりして与えると餌付きが早い場合もあるのでお試しいただきたい。

　いずれの餌も、15分程度を目安にしてまだ残っていて餌を食べ終わっている（餌に興味を示していない）ようであれば、可能なかぎりすばやく回収したい。残った餌は水を汚す大きな原因となるためであり、それは生き物の糞と比にならないほどである。特に濾過器を付けてない場合は、残り餌の迅速な回収は必須と言えるであろう。

　水棲種の場合はカルシウム剤を付着したものを与えることはできないので、餌から間接的に取らせたい。自然下ではエビ類や魚類・水棲昆虫などから摂取していると思われるが、冷凍アカムシなどには含まれていないので、特にアカムシやイトミミズの長期の単食はできるだけ避け、いろいろな餌を与えるようにしたい（人工飼料を食べてくれればベストである）。

メンテナンス

日々のメンテナンスは非常にやることが少ない。逆に言えば、できるだけ人間が干渉することを少なくしたい生き物であるため、メンテナンスも最小限に留めたいところである。

日々やることといえば、目立つ糞を取り除く、給餌・霧吹き・水入れの水換え・水棲種の場合はコケ取りと水換え、このくらいである。ただ、糞は毎日することはまずないので、これは見つけ次第で問題ない（小さすぎて分からない場合もある）。

給餌は種類にもよるが平均して週に1〜3回程度で十分であり、毎日のように与えてしまうのは与えすぎで、太りすぎの原因になってしまうので、面倒見の良い人ほど注意が必要である（最悪、脂肪肝などになり

急死の原因となる）。

霧吹きは先の湿度の解説の部分でも触れたが、ケージを見て、乾いていればするようにして、それは毎日でも週に2〜3回でも良い。ケージの通気性や床材の種類・入れている植物によってベースは異なるので、観察しながら判断するようにしたい。ただ、霧吹きによって水分を与えることによる気化熱が発生して温度を下げる効果もある。夏場の高温が心配な人は、通気の良いケージを使って積極的に霧吹きをすることによって得られる冷却効果を利用しても良いであろう。

水入れの水換えは非常に大切であり、これは唯一毎日でも行いたい。陸棲種も水に浸かることが多い。そこで保湿（保水）を

ピンセット。さまざまな製品が市販されているので、使い勝手の良いものを選ぶと良い

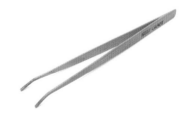

竹製ピンセット

行うが、皮膚や総排泄口から多くの水分を摂取するため、その水が汚れた水であれば、汚れ（アンモニアなど）も一緒に体内に取り込んでしまうことになる。それがいわゆる「自家中毒」というもので、要は「自爆（自滅）」である。それを防ぐ意味でも、水入れの水は常に新しく新鮮なものにしておきたい。

　水棲種の水換えに関しては先ほどの水棲種のセッティングでも少し触れたが、ほとんどの種類は新しい水を好むので、こまめにやることに越したことはない。濾過器がなければ2〜3日に1回ほぼ全水量、濾過器を付けていても、5〜7日に1回程度、全水量の3分の2くらいの水換えを行いたい。その際に濾過器もおおまかに洗浄するように

し、目詰まりを未然に防ぐようにしたい（目詰まりを起こした濾過器は付けていると逆効果である）。ただし、アンヒューマの仲間はややこなれた水を好むので、熱帯魚の水換えをするように、1週間に1回程度、全水量の3分の1程度の水換えを行うと良いであろう。

　いずれのメンテナンスも回数や量はあくまでも目安であり、飼育環境や個体のサイズ・種類によって異なる場合も多い。日々少しずつ観察し、飼育する個体と使う道具の特性を早く掴んで、自分なりのメンテナンスのペースを確立するようにしたい。

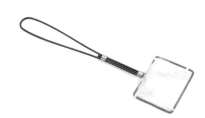

網。観賞魚用の製品を流用できる。水棲種は網で掬って移動させたり、ゴミを取り除く際などに使う

霧吹き

健康チェックなど

　メンテナンスをしながら日々観察していれば、個体の異常（病気やケガなど）に気づくことも早くなり、大事に至る前に対処できるかもしれない。有尾類は非常にデリケートであり、異常が出てから数日で死亡してしまう例も非常に多いので、できるだけ早い段階で対処できるようにしたい。

　ここにいくつか例を挙げておく。

1　皮膚の異常（赤いただれ・溶解など）

2　噛み合いによる手足・尾の欠損（水棲種における共食い）

3　体全体が異常に膨らむ

　有尾類の飼育において、1は切っても切れない存在であると言える。鱗のない生き物であり、皮膚にダイレクトでダメージを負ってしまうため、ちょっとしたことで皮膚に異常が出る。よく見られるのは皮膚が赤くただれたようになる症状（タイガーサラマンダーなどに多い）と、皮膚の一部に穴が空いたように溶けてくる症状（イボイモリやファイアサラマンダーに多い）である。これらは発見が早ければ民間療法で治る可能性も非常に高いが、少し進行してしまうと手遅れになってしまう。

　2に関しては、水棲種を複数で飼っているとよくある光景である。水棲種の多くはあまり目を使って餌を判別できないため、水中に餌を撒くとパニックのように餌を食べる。その時、他の個体の手足などが近くにあると、それを餌と間違えて噛みつき離

さない。離さないと、噛まれた個体は嫌がっ
て体をねじったりして抵抗し、最終的には
お互いに回転し合ってねじ切ってしまう場
合がある。しかし、有尾類の多くは体の再
生機能を持っており、たとえば手を根元か
ら失ってしまっても数カ月できれいに元ど
おりになる。よって、たとえ噛まれて欠損
してしまっても、ふだんどおり世話をして
再生を待つようにしたい。

3は、水棲種に見られる病気の1つであり、
特に初期段階は単純に太り過ぎの個体との
判別が難しいところであるが、少しずつ進
行していって喉のあたりまでも膨らみ、最
終的には水底に潜れないほどパンパンに膨
らんでしまうこともある。この症状に関し
ては未だに謎が多く、原因と治療方法もい
まいち分かっていない。水質の悪化が原因
かとも思ったが、それもどうやら違うよう

である。水の中の混ざり物（微量元素）が
関わっているという説があったり、水温が
関わっているという説があったりするのだ
が、確実なことは言えないのでこの場では
注意喚起のみで失礼したい（コブイモリに
多く見られる気がするので、対象種を飼育
の際は念頭に置いていただきたい）。

いずれの場合も、筆者は医師免許を持っ
ていないため、詳しい治療方法などは記載
することができない。万が一上記のような
症状が見られたら、まずは購入したショッ
プに相談して対処方法を聞くと良い。もし
ショップでどうにもならないような症状で
あると判断すれば病院などを紹介してくれ
るであろうし、民間療法や日々のメンテナ
ンスで対処できるようであればその旨を伝
えてくれるであろう。

繁殖

| b r e e d i n g |

飼育下における繁殖。
それは飼育者の大きな楽しみの1つであり、それと同時に飼育技術の賜物だと言えます。
飼育する前から繁殖の話!?　卵を産んだから繁殖成功!?
…みなさん、少し誤解していませんか?

繁殖させる前に

有尾類に限らず、近年、特に繁殖を目指して生き物を飼育する愛好家が多いように感じる。野生個体が全般的に減少しているなか、愛好家が繁殖させた繁殖個体（CB個体）の出回る数が増えればそれはもちろん良いことだと考える。

しかし、有尾類に関しては繁殖は誰でもやすやすとできるものではない。飼育を開始する前から繁殖を考える人もいるが、言ってしまえばそれは大きな間違い（勘違い）であり、まず1年通じてその種類をしっかり飼育ができてから話を始めていただきたいと考える（それですらもどうかと思うが…）。また、有尾類の多くは成熟に時間のかかる種が多く、成熟して繁殖可能になるまで、上陸後から2～3年かそれ以上必要な種類がほとんどであり、上陸後1年に満たない個体であれば雌雄の判別すらほぼ不可能なことも多い。価格の安い幼体を2匹だけ購入してペアを揃えることはギャンブ

アカハライモリのオス。尾は幅広く、繁殖期になると水色や紫色に染まる

アカハライモリのメス。尾は先端に向かって細長くなる形状

ルであるので、幼体であれば5～6匹かそれ以上購入し、ペアを当てる確率を上げたい。野生個体の流通がほぼない種類において、もし、雌雄の分かる大型の個体が販売されていれば、それは金額に代えられない価値があると言える。

　先にも書いたように、繁殖を目指すことは悪くない（むしろ良いこと）。ただし、そう簡単に繁殖させられる生き物ではなく、「繁殖＝飼育がうまくできたことに対するご褒美」といった具合に考えたうえで、飼育、そして、繁殖へとトライしていただきたい。

　以下からは、めでたくペアが揃ったという前提で話を進める。

　繁殖はそれぞれ種類においてもちろん方法が異なるが、ざっくりと言ってしまえば、冬場にしっかりと冬眠（休眠）させて、春に気温が上がるとともに交尾～産卵（出産）へ至るという種類が多い。ここでは飼育例の多い2タイプを解説をしたいと思うが、その中においても種類によっては水温だけでなく水質の変化を設けたりする必要がある。あくまでもこれは総体的なアドバイスであるという点だけは、ご了承いただきたい。

繁殖期以外では雌雄判別が難しい種もいる（写真はクロサンショウウオ）

冬眠・交尾・産卵（出産）

**イボイモリ各種・
ヨーロピアンニュート各種など**

　秋、良い陽気の時にしっかりと食べさせ（その時に陸棲であることが大切）、外気とともに徐々に飼育温度を下げていき冬眠の準備に入るが、半端な温度では普通に捕食活動を続ける。特にヨーロッパのイモリは10℃台前半程度では普通に生活しているであろう。そのため、ポイントは思い切って気温を下げることである。イボイモリの一部はあまりの低温だと調子を崩す場合もあるので加減が必要であるが、ヨーロピアンニュートの多くは、少しでもエアコンが効くような室内であればおそらく冬眠すらし

アカハライモリの卵。1つずつ水草などに産みつけられる

ない。下手をしたら室内では冷え切らずに冬眠しないかもしれないのである。地域やその年の気温などにもよるが、場合によっては室外での管理も視野に入れて冬眠させる必要がある（土や水苔が凍らない程度に）。

　冬眠に関しては通常飼育している形をそのまま流用しても問題ないが、ほとんどの種は土中や障害物の下などに潜るため、潜りやすい床材を少し厚めに敷くと良い。うまく場所が決まって落ち着けば、そのまま気温が上がるまで放置するのだが、放置しすぎて乾燥死してしまわないよう、ある程度定期的に観察して、乾きそうなら水を差すことを忘れないようにしたい。

　春になり外気が徐々に上がっていく頃、冬眠から目覚める。ヨーロピアンニュートは寒さに強いという点からも、アジアの種に比べて早く産卵行動に至ることも多いので、2月末から3月頃を目安にこまめに様子を見るようにし、皮膚の変化や行動を観察して、水に入るタイミングを見極めたい。イボイモリはそれよりもやや後であることが多い。

　それぞれうまく入水できたら繁殖行動に移るが、ヨーロピアンニュートに関してはここが大きな見所であり、背中のクレストが発達してきてみごとな容姿となる。この期間は非常に短く、2カ月せずに縮んでしまう場合も多いので、しっかり観察したい

バランツエイモリの幼生

アルプスクシイモリ

繁殖

ところである。

冬眠と成熟度合いが問題ないようであれば繁殖行動に入る。オスがメスにアピールをし、メスが受け入れたオスは後ろを付いて回り、オスは精子の入った袋状のもの（精包）を落としてメスがそれを総排泄口から取り込めばひとまずこれで繁殖行動完了となる（交尾らしい交尾はない）。イボイモリの中には陸上でこの行動をとる種もいるので、イボイモリに関しては陸場と水場を半々くらいにした繁殖用ケージを用意したい。

産卵は主に水中の水草に産み付けるが、水槽の壁面や流木などに産み付ける場合もある。そうなると回収がめんどくさいので、水草がない場合は梱包用のビニール紐などを20〜30cm程度に複数切って、束にして多少割き、下に重り付けて沈め、水草代わ

りにするなどの方法もある（金魚の繁殖でも使う手段である）。どの種も長期間続く産卵であるが、産み付けられた卵はこまめに回収する。回収しないと産んでいるそばから親が食べてしまうことも多々あるので注意が必要である。こちらもイボイモリの仲間には陸上の水分が多めの苔や流木に産卵する種（個体）もいるので、陸上も忘れず観察するようにしたい。

イタリアファイアサラマンダー

メキシコサラマンダー"アルビノ"

アメイロイボイモリ

冬眠・交尾・産卵（出産）

ファイアサラマンダー各種

　基本的に冬眠から冬眠明けまではヨーロピアンニュートなどに準じて問題ない。ファイアサラマンダーの多くもしっかりと低温下で冬眠させないと春に発情しないことが多いので注意が必要であるが、ポルトガルファイアサラマンダーなどは低すぎると調子を崩すことがあるので、それらはイボイモリなどに準ずると良いかもしれない。

　春の繁殖行動であるが、ファイアサラマンダーは陸上で行う。発情したオスがメスの上に乗ったり、オスが頭をメスの頭付近にこすり付けたりしてそれらしい交尾行動を行うので、見ていてわかりやすいと思う。その後は同様にオスが精包を産み落として

メスが拾うという形になるが、その精包はゼリー状で不規則な形をしていることも多い。オスはメスを抱きかかえたりして、精包を取り込ませるようにうまく操る行動も見られる。

　そして産卵…と言いたいところであるが、ファイアサラマンダー属（*Salamandra*）のほとんどはいわゆる卵胎生種となり、産卵ではなく出産となる。出産は水中、もしくは下半身だけ入水する形の半水中で行われ、幼生は鰓のついた水中形態で生まれてくる。卵の管理（孵化）が不要であり、幼生も大きくて初期飼料も楽であるが、出産数は卵の種類よりももちろん少なく、20〜50匹程度の場合がほとんどである。

卵の管理（水中の卵）と孵化

無事に産卵が終わったら卵の管理となる。先にも述べたように、卵は回収して親とは別の容器で管理することとなるので、小さなプラケースなどを用意しておく必要がある。水量は多いほど良いが、あまりに大きいと孵化した時に小さな幼生の観察が

ヒメヌマサイレンの卵

孵化の近いヒメヌマサイレン

しづらいので、2〜5L程度の容器が良いであろう。

水温や水質は親を飼育する水と同じで問題なく、むしろできるだけ変化をなくすため同じほうが良い。心配な人は最初の段階では、親の管理水槽の水を半分ほど使って、卵の管理の水槽を立ち上げても良いであろう。水量の少ない場合は水温や水質が変化しやすいので注意が必要であるが、卵の場合は餌を与えたり糞をしたりすることはないので、急に水質が悪化することは少ない。ただ、ある程度は水換えも必要であるので、3〜4日に1回程度、4分の1くらいの水換えを目安に行うようにしたい。

止水でも問題ないが、エアーポンプで少

ヒメヌマサイレンの幼生

しだけ空気を送り、水をわずかに動かして
いたほうが水も悪くなりにくく水カビも生
えづらい傾向にあるのでおすすめである
（あまり強いエアーはNG）。場合によって
はメチレンブルーやマラカイト水溶液など
を、水がほんの少し色づく程度に入れると
水カビを予防する効果がある（入れすぎな
ければ悪影響もないと考える）。

　有精卵であれば卵の中で細胞分裂が確認
され、種類や水温などの条件にもよるが、
だいたい10〜20日程度で孵化をする。産卵
日が近ければほぼ一斉に孵化してくるの
で、その時点で何も変化のない卵は無精卵
であるので、思い切って除去しても良いで
あろう。孵化した幼生は外鰓（エラ）が付

いていて主に鰓呼吸である。

　この卵の管理方法は、先述のヨーロピア
ンニュートやイボイモリの他にアカハライ
モリやシリケンイモリ・コブイモリなど水
中産卵をする種類の卵の管理にも流用でき
るので参考にしていただきたい。

マーブルサラマンダーの幼生

マーブルサラマンダーの卵

マーブルサラマンダーの幼体

幼生と幼体の育成

容器は卵の管理のものをそのまま引き続き使用し、濾過器などは幼生の吸い込みが怖いので基本的につけないが、小さなスポンジフィルターなどは設置しても良いであろう。

孵化した幼生は、魚の子供と同様でお腹に栄養を持っている（ヨークサックと呼ばれるもの）。この栄養を吸収し終わるまでは捕食活動をしないので、ひとまず餌を与える必要はない。観察しているとお腹が徐々にしぼんでいくのが分かると思うが、だいたい3〜7日程度は餌を与えても食べないので、焦らず注視するのみに留める。

ヨークサックの栄養が吸収され捕食活動が始まると餌を与えることとなるが、ファイアサラマンダーの幼生以外は非常に小さいため、冷凍アカムシなどは食べられないことがほとんどである。そのため、ブラインシュリンプやマイクロワーム（線虫の一種）などを培養して与える。冷凍でも食べる場合もあるが餌付きは悪いので、活き餌を用意したほうが良いであろう。

ここで1つ忠告したいのは、全ての幼生を1匹残らず完全に成体にしようと思わないことである。なぜなら、それはほぼ不可能だからだ。有尾類のように産卵数の多い生き物は、必ず子供の中に生まれつき弱い個体が存在する。それは言ってみれば「強い個体の餌となるための子」であり、野生下では早い段階で何らかの形で姿を消すことになる。それを飼育下では"中途半端に生かせてしまう"のである。もちろん、中には頑張って大人にできることもあるかもしれないが、非常に労力を使うこととなると思う。

それであれば、少しかわいそうであるが自然の摂理に沿って、ある程度共食いをさせることを強くおすすめしたい。ある程度数を減らして、強い子を少数精鋭でしっかりと管理して大人にすれば、また強い子の遺伝子が得られるかもしれない。そして何より、共食いをすると食べた子は一気に成長するからである。複数を飼育していて共食いが発生した場合、食べた「犯人」は一目瞭然たちどころに分かると言えるほど一瞬で大きくなる。これは自然下では共食いにより成長していることが証明されているようなものだと考える。これは同じように多産な両生類のツノガエルなどにも当てはまる。

共食いによってある程度成長してくれれば、次の段階では冷凍アカムシやイトミミズなどを食べられるようになり、給餌も非常に楽になる。活きたイトミミズを与える際は雑菌を減らすためにもよく流水で洗ってから与える。それらを食べ始めるとどん

どん成長していく反面、水も汚れるように
なるので水換えはこまめに行うようにした
い。幼生時期にできるだけ大きくしてから
上陸させると、上陸後の初期飼料が楽にな
るので、水温をやや低めでキープしてでき
るだけ水中にいる期間を長く取りたいとこ
ろだ。数がある程度少なければここからは
個別管理をして確実に成長させても良い
が、個別管理のために水量の少ない容器で
管理をするようであれば、水質の悪化が早
いので注意が必要である。

　種類や水温などの条件によって日数はだ
いぶ異なるが、だいたい2〜3カ月前後で上
陸が始まることが多い（小型種はもう少し
早い場合もある）。水温が低ければもっと
長く水中形態が続く場合もあるので、長い
からといっておかしいわけではない。上陸
前には鰓が徐々に消えていき、その頃に鰓
呼吸から肺呼吸へと変化する。これはカエ
ルがオタマジャクシからカエルに変態する
のと同じことである。注意しなければなら
ないのは、上陸時に溺れてしまう場合があ
る点である。イモリなので水中でも問題な
いと思われがちであるが、ここではやや話
が違う（多くの種類は上陸して当分の間は
陸上生活を行うためである）。鰓が消え始
めたら水草を多く浮かべて足場にして呼吸
しやすくしたり、半陸半水（砂利などを斜

めに敷いたりして工夫する）の上陸用ケー
ジを用意してあげたりして、上陸へ備えた
い。

　上陸した後は基本的に陸棲有尾類の飼育
方法を用いて飼育する形となる。コブイモ
リの仲間やアカハライモリ・シリケンイモ
リなどの水棲傾向の強いイモリも上陸後し
ばらく（1〜2年、もしくはそれ以上）は陸
上で生活するので、頭に入れておいていた
だきたい。

　ここまでして初めて繁殖成功と呼べる。
産卵まで、もしくは孵化までは意外と多く
の人が経験できると思う。しかし、厳しい
ことを言うようだがそれは繁殖成功とは呼
べない。幼生を上陸させて（もしくは再び
入水させて）、大人と同じ色合いの個体を
手にできた瞬間に繁殖成功と呼んで良いで
あろう。

Chapter 05

有尾類図鑑

和名は流通名も併記し、
続けて学名・全長・飼育タイプ・種類別解説を紹介していく。

イモリ編

Photographic inventorory/Caudata:Newt

アカハライモリ

学名 *Cynops pyrrhogaster*　　　**分布** 日本（本州・四国・九州とその周囲の離島）

全長 8～10cm前後　　　**飼育タイプ** 水棲タイプ

　言わずと知れた、イモリ…。いや、有尾類日本代表であり、あまり生き物に詳しくない人が単に「イモリ」と呼ぶ場合はたいてい本種を指している。日本固有種で北海道と沖縄を除く日本全国に分布しているが、地域差が非常に大きく、その差異は大きさや腹部の色柄に表れることが多い。飼育は容易でありショップなどで入手しやすいため、大人から子供まで古くからペットとして親しまれている。マニアックな着眼点としては地域や県ごとにコレクションすることもおもしろいが、別産地で交配させてしまうことは注意が必要である（地域差異が大きい場合は交配できない場合もある）。また、近年は開発などが主な原因で各地で生息数が減少しているため、安易な過剰採集やSNSなどでの生息地の開示は絶対に避けたい。

オス（京都府）

大きさの比較。
左から幼体・若い個体・オス・メス
（京都府）

メス（兵庫県）

林床を移動する若い個体（京都府）

ポットホールに集まる（和歌山県）

標高の高い山中にいたアカハライモリ（和歌山県）

全身が金に染まる個体（徳島県）

青く輝くアカハライモリ（徳島県）

源流域にいた個体（高知県）

丘陵地で出会った（新潟県）

尾の紫が美しい（福井県）

緑がかったメス（淡路島）

オス

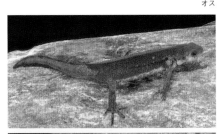

メス　　オス（三重県）

地域差・個体差がはげしい（長崎県）

変異個体（和歌山県）

ごつごつした皮膚をした幼体（岩手県）

変異個体（高知県）

キャリコ

変異個体（京都府産）

シリケンイモリ

| **学名** | *Cynops ensicauda* | **分布** | 日本（沖縄諸島・奄美群島） |

全長 12〜16cm 前後

飼育タイプ 水棲タイプ（アカハライモリより陸棲傾向が強いので、大きめの陸場は必須）

　アカハライモリと並ぶ日本を代表する固有のイモリであり、漢字で書くと「尻剣井守」と表すことができる。その名のとおり剣のように細く長い尾が特徴。アカハライモリに比べると非常に狭い生息域であるが、その中で地域によって2亜種に分かれ、基亜種であるアマミシリケンイモリ（*C. e. ensicauda*）は奄美群島に、亜種のオキナワシリケンイモリ（*C. e. popei*）は沖縄諸島にそれぞれ生息域を持つ。ただし、現在は亜種分けされていないようである。両種は外観に差異が見られ、全体的に大柄で角ばった風貌であまり明色斑（通称

"金箔"）が入る個体が少ないアマミシリケンイモリに対し、オキナワシリケンイモリはやや小ぶりで丸みのある体型に、背中や脇腹を中心に明色斑が入る個体が多く見られる（それらの中でももちろん差異はある）。その"金箔"が多い個体は貴重とされるが、飼育下による選別交配により作出できることも知られている。近年では開発による生息地の減少や森林の乾燥化・採集圧によって生息数が大きく減少しているという報告も多いため、飼育する際は心して飼育に臨んでいただきたい。

アマミシリケンイモリ

アマミシリケンイモリ。選別交配個体

アマミシリケンイモリの変異個体

オキナワシリケンイモリ（沖縄島）

オキナワシリケンイモリ（渡名喜島）

シナイモリ（チュウゴクイモリ）

学名 *Cynops orientalis*

分布 中華人民共和国（浙江省・湖南省などの中西部から南西部に広く分布）

全長 6 ～ 9cm 前後　　**飼育タイプ** 水棲タイプ

中国版アカハライモリとでも言えようか。容姿も非常に似ているが、本種のほうが小ぶりである。数年前まで大量に輸入が見られていたが、ここ数年は年に1、2回程度で数もそれなりである。安価で大量流通していた種であるが、飼育に関してはやや気難しい面もあり、アカハライモリの感覚で飼育すると失敗することも多い。輸入後日数の経っていない個体は特に高水温と水質の悪化に注意する必要がある。

ブラック＆レッド

レッド

ハイポレッド

ウーファイモリ

学名 *Cynops glaucus*

全長 6 ～ 8cm 前後

飼育タイプ 水棲タイプ

分布 中華人民共和国（広東省のごく限られた地域）

　2013年に新種として記載された*Cynops*の1種。流通名のウーファはローマ字表記でWuhuaとなり、本種の原産地である広東省の五華県を意味する。2014～2015年前後に突如として輸入されたが、局所分布であるということで当初から流通は非常に少なく、現在に関しては開発や保護の影響で輸入はほぼ皆無となってしまった。しかし、マニアの努力もあり国内繁殖個体が流通するようになったので、入手の機会はあるだろう。

オルフェウスイモリ

学名	*Cynops orphicus*
全長	8 〜 11cm 前後
飼育タイプ	水棲タイプ

分布 中華人民共和国（広東省北東部）

他の*Cynops*と比べ、やや明るめの色合いの体色を持つ個体が多く、一風変わった雰囲気がある（幼体期はほぼ黒色）。体側や背中に黒の斑点や不規則な模様が入り、体色が薄い個体はそれらが目立ち、他種にはない美しさがあると言える。記載はそれほど新しい種ではないが、国内への流通は2008年前後が初と思われるが、局所分布のためかそれ以降も数えるほどしか流通はない。国内での繁殖例はあるので、今後は手練れのマニアに期待したい。

フーディンイモリ

学名	*Cynops fudingensis*
全長	6 〜 8cm 前後
飼育タイプ	水棲タイプ

分布 中華人民共和国（福建省北東部）

2010年に新種記載された、ウーファイモリと並ぶ新顔*Cynops*。生息地はウーファイモリ以上に非常に局所分布であり、聞くところによるとごくごく限られた範囲の池や小さな川にしか生息していないとされる。そのため、ちょっとした開発によってすぐに生息地がなくなってしまうことが懸念される（2020年現在、詳細は不明である）。シナイモリを胴長にしたような容姿と赤みがかる虹彩が特徴であるが、どう転んでもマニアックな種であることは否めない。

ハナダイモリ（アオイモリ）

学名 *Cynops cyanurus*

分布 中華人民共和国（雲南省中東部から貴州省西部にかけて）

全長 7〜11cm前後 **飼育タイプ** 水棲タイプ

近年紹介される種が多い中国産*Cynops*の中では古くから親しまれている種で、基亜種（*Cynops c. cyanurus*）のキシュウハナダイモリと、亜種（*Cynops c. chuxiongensis*）のユンナンハナダイモリの2亜種が存在するが、主に流通していたのは亜種（ユンナン）のほうだと考えられる。地味な種が多い*Cynops*の中において、青みがかる体色と繁殖期の婚姻色が相まって非常に美しく、そして頬に発色するオレンジ色が何とも愛らしいというスター性のある種で"あった"。このように書かざるを得ないのは、あれだけ見られた本種が2017年以降、保護の影響から日本への輸入はほぼ皆無となってしまい、飼育の機会は激減してしまったためである。今後、国内繁殖個体が出回ることを望みたい。

キバライモリ（モンテンドニーイモリ）

学名 *Lissotriton montandoni*

分布 ルーマニア・ポーランド南部・ウクライナ西部など

全長 9〜11cm 前後　　　　**飼育タイプ** 陸棲タイプ（時期や気温により水棲タイプ）

　東ヨーロッパに比較的広く分布する小型で細身のヨーロピアンニュート。昔はWC個体も流通が見られていたが、ここ数年はヨーロッパ圏の保護の影響を受けて野生個体の流通は見られなくなり、CB個体がごく稀に流通する程度になった。同属のスベイモリと容姿は似ており（成熟した個体は本種のほうがやや黄色みが強い）、生息域も重なる地域がある。遺伝的にも近縁とされ、自然交雑も起きていると言われている。

スベイモリ

学名 *Lissotriton vulgaris*

分布 ポルトガルやスペインのなど一部を除くヨーロッパほぼ全域。ロシア西部など

全長 8〜11cm 前後　　　　**飼育タイプ** 陸棲タイプ（時期や気温により水棲タイプ）

　以前は*Triturus*属であったが、2004年に本属に含まれるようになったヨーロッパ圏を代表するイモリで、日本で言うところのアカハライモリ的な存在であると言える。小型であるが繁殖期の婚姻色は美しく、多少背中のクレストも伸びるので飼育していても楽しみは多い。しかし、生息域は広いものの多くは保護対象の地域のため、10年ほど前には安価で大量に流通していたWC個体は現在ではほぼ皆無となってしまった。

クロカタスツエイモリ

学名 *Neurergus crocatus*

全長 16 〜 18cm 前後

分布 イラン・イラク北部・トルコ東部

飼育タイプ 陸棲タイプ（繁殖期のみ水棲タイプ）

　最大全長が18cm前後になることも珍しくない、大型で非常に美しい中東に生息するイモリ。カイザーツエイモリ（*Neurergus kaiseri*）が本属の知名度を上げた存在であるが、カイザーツエイモリは現在ワシントン条約附属書I類に分類されてしまい、入手は非常に困難（輸入は完全不可能）となってしまったため割愛させていただき、本種を含む4種を紹介する。カイザーツエイモリを除くツエイモリ全般、特に本種の陸棲形態時は多少の高温にも強く、初めて飼育する場合は意外と拍子抜けするほどだったりする。WC個体の流通は見られないが、ヨーロッパを中心に繁殖されたCB個体が比較的安定して流通しているため、入手のチャンスは少なくないであろう。

若い個体

ストラウヒツエイモリ

学名 *Neurergus strauchii strauchii*

分布 トルコ中央部 (アナトリア地方) のムラト川南側 (ヴァン湖西岸から南岸)

全長 13～17cm 前後　　**飼育タイプ** 陸棲タイプ (繁殖期のみ水棲タイプ)

　本種は後述のバランツエイモリと
*N. s. munzurensis*を亜種に持つ。ス
トラウヒツエイモリは基亜種。本種も
大型のツエイモリであり、配色も含め
て外観は先述のクロカタスツエイモリ
と似ているが、本種は背面の黄色の
斑点が大柄で数が少ないことと、ク
ロカタス (特に成体) はその斑点が
ややクリーム色がかるのに対し、本
種はサイズに関係なく鮮明な黄色か
らオレンジ色を保っていることで見分
けは比較的容易である。流通は国
内外のCBを中心に比較的安定して
おり、クロカタスツエイモリの次に見る
機会の多いツエイモリであろう。

若い個体

赤みの強いタイプ

バランツエイモリ

学名 *Neurergus strauchii barani*

分布 トルコ中央部（アナトリア地方）のマラティヤ付近の山

全長 13〜17cm 前後　　**飼育タイプ** 陸棲タイプ（繁殖期のみ水棲タイプ）

　ストラウヒツエイモリの亜種ということもあり非常に酷似しているが、本亜種のほうが斑点が小さくその数も少ないこと、そして斑点が背中で比較的規則的に並ぶ（列になる）個体が多いなどの点が見分けの基準となる。ただし、どちらの亜種にも例外的な個体はもちろん存在するので、入手は信頼のおけるブリーダーやショップから慎重に行いたい。とはいえ、本亜種は流通するツエイモリの中でも流通量は少なく、見る機会もあまりないかもしれない。

クルドツエイモリ

学名 *Neurergus derjugini derjugini*

分布 イラン・イラク（共に主にクルディスタン地域周辺）

全長 13〜15cm 前後　　**飼育タイプ** 陸棲タイプ（繁殖期のみ水棲タイプ）

　イランとイラクの国境付近に主に分布するツエイモリの仲間で、その生息地の中にはオバケトカゲモドキ（*Eublepharis angramainyu*）が生息するケルマンシャー州も含まれることが分かり、その知名度も上がったと言える。配色は先述3種類と同様で、特にストラウヒツエイモリに似ているが、本亜種は背面の斑点が円形というよりは不規則な大きめの斑紋という感じであるため、見分けは比較的容易である（成体サイズも本亜種が最も小ぶりである）。もちろん、飼育の際は混同してしまわないように注意する必要がある。

イベリアトゲイモリ

学名	*Pleurodeles waltl*
分布	スペイン・ポルトガル・モロッコ

全長 22〜28cm 前後 　　**飼育タイプ** 水棲タイプ

　国内で流通する海外産有尾類の中でも非常に古くから流通していて流通量も多く、知名度は1、2位を争うといってもよいポピュラーな大型水棲種。トゲイモリの名の由来は体側に並んでいる突起で、その内側には肋骨があり、強く掴むと皮膚を通して肋骨の先端を出して反撃する点からきているが、飼育下ではもちろんそれをさせないほうが無難である。最大全長30cmを超えるともされているが、実際飼育下でそのサイズを見た人は筆者の知っている範囲ではいない（おそらく自然下での老成個体だと考える）ので、最大値28cmとさせていただいた。高水温・低水温、どちらにも耐性があり人工飼料への餌付きも良いので、初めて海外産有尾類を飼育する人でも難なく飼育できるであろう。

T＋アルビノ

ビハンイモリ

| 学名 | *Paramesotriton caudopunctatus* |

| 分布 | 中国南東部（湖南省・貴州省・広西チワン族自治区東部・福建省を中心に広く分布） |

| 全長 | 14〜16cm 前後 | **飼育タイプ** | 水棲タイプ |

　漢字で表記すると「尾斑井守」となり、その名のとおり成熟したオスの尾には細かい黒い斑点が入るのが特徴。体色も他種には見られない蛍光グリーンベースの体色で、特に若い個体の背面の発色は目を見張るものがある。顔も扁平かつ細長く、近縁種のコブイモリよりも馬面に見えて非常に特徴的である。数年前までは不定期ながらWC個体が流通していたが、現在は保護の影響で流通はほとんど見られなくなってしまった。

ブチイモリ（基亜種ブチイモリ）

学名 *Notophthalmus viridescens viridescens*

分布 アメリカ合衆国

（ミシガン州中南部からニューイングランド地域：メイン州を北限にかけて。そしてノースカロライナ州まで）

全長 6 〜 10cm 前後　　　　　**飼育タイプ** 陸棲タイプ（時期や気温により水棲タイプ）

　北米大陸を中心に広範囲に分布している小型のイモリで、日本への輸入量も多く、単に「ブチイモリ」として販売されている場合はたいてい本亜種を指す。近年は保護の影響で流通が少なくなっているが、今のところ輸入は継続している。成熟し繁殖期になると、オスの後脚がアンバランスなほど大きく肥大化することが特徴（これは全亜種に共通）。また、幼体期は体全体が赤く染まることが知られており、それらは「レッドエフト」と呼ばれ美しく、その短い時期を見たいがために繁殖に挑戦するという飼育者も多い。輸入時の着状態が良ければ飼育は比較的容易である。本種は体側を中心に赤い斑点が目立ち、色彩も全体的に淡く明るめな点で別亜種と見分けることができる。

レッドエフト

フロリダブチイモリ（ペニンシュラニュート）

学名 *Notophthalmus viridescens piaropicoa*

分布 アメリカ合衆国（フロリダ半島の中～南部）

全長 6 ～ 10cm 前後　　　**飼育タイプ** 陸棲タイプ（時期や気温により水棲タイプ）

　広範囲に及ぶ生息域を持つ基亜種に比べ、本種はフロリダ半島の限定的な範囲のみ生息する。数年に1度程度、単発で輸入が見られるが、それは非常に限定的であり待っていてどうにかなるものではない。体色は基亜種に比べて暗色であるが、その反面、腹部の黄色は濃いめかつ鮮やかで、そこには細かい黒の斑点が無数に入るので、基亜種との見分けは比較的容易である。

サメハダイモリ

学名 *Taricha granulosa*

分布 カナダのブリティッシュコロンビア州から
アメリカ合衆国のカリフォルニア州にかけての太平洋沿岸部

全長 13 ～ 20cm 前後　　　**飼育タイプ** 陸棲タイプ（繁殖期のみ水棲タイプ）

　その名のとおりザラザラとした質感の皮膚を持つ大型のイモリ。非常に丈夫な種であり、低温はもちろん多少の高温にも耐性を持っているため、有尾類飼育経験の浅い人でも基本さえ押さえれば十分飼育を楽しめると言える。WC個体は保護の地域も多く流通は非常に不定期であるが、ヨーロッパなどでのCB個体がある程度流通する。同属のカリフォルニアイモリ（*Taricha torosa*）とは非常に酷似しているが、目の縁の色の違い（本種が暗色であり、カリフォルニアイモリは明色）や頭部を上から見た時の目の張り出し具合、そして、防御体勢の違いによって見分けることができる。カリフォルニアイモリは州の保護により流通は非常に少ない。

ムハンフトイモリ

学名 *Paramesotriton labiatus*（*Pachytriton labiatus*）

分布 中国（広西チワン族自治区）

全長 14〜17cm前後　　　　**飼育タイプ** 水棲タイプ

　古くから流通しているポピュラーな水棲種。ただ、この名で流通している種は複数あると思われ、特に近年では*Pachytriton granulosus*（キスジフトイモリの名でも流通）も本種の名で流通する場合も多いと考えられる。また、分類も急に変わっていたりと、非常に混沌としている。特に繁殖を目指す際は1回の入荷時にできるだけまとめて入手するようにしたい（回を重ねるごとに別種が混ざってしまう可能性があるため）。安価で入手は比較的容易だが（近年はやや流通が減っている）、高水温と水質悪化にやや弱く、協調性は良くないので、飼育の際は諸々注意したい。

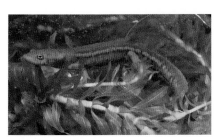

本種と思われるもの

T＋アルビノ

マダライモリ

学名 *Triturus marmoratus*

全長 14 ～ 16cm 前後

分布 フランス・スペイン・ポルトガル

飼育タイプ 陸棲タイプ（繁殖期のみ水棲タイプ）

その美しさと流通の多さから日本でも古くから親しまれていて、現在でも有尾類の中でも人気上位に必ず入ると言える、人気のヨーロピアンニュート代表種。成体のサイズもそこそこ大きくなり、繁殖期のクレストもしっかりと伸びるため、見栄えが非常に良い。また、本種は陸棲状態の時は高温にも乾燥にも比較的強く、人工飼料への餌付きも良いので、飼育経験の浅い人でも十分飼育できると考えられ、魅力の詰まったまさに有尾類界のトップスターであると言って良いであろう。WC個体の流通はほぼないが、国内外のCB個体が安定して出回っているので、入手は難しくない。

アルプスクシイモリ（イタリアクシイモリ）

学名 *Triturus carnifex*

分布 イタリア・バルカン半島西部（オーストリア中南部からギリシャ北西部にかけて）

全長 14〜16cm 前後　　**飼育タイプ** 陸棲タイプ（繁殖期のみ水棲タイプ）

　ヨーロッパ中南部に広く分布しており、EU圏のブリーダーを中心とした繁殖個体も多く流通は比較的多い。体色がやや地味でクレストの伸びも他種よりやや弱いので軽視されがちであるが、ボリュームもあり比較的高温にも耐えるので、ヨーロピアンニュート初挑戦の人に

もおすすめできる。また、陸棲の際はクレストの部分のラインが鮮やかな黄色となり黒い体色に非常に映えるため、陸棲期でも飼育者を楽しませてくれる。稀にリューシスティック個体や白く色抜けした個体も見られるので、変わった個体を集めるのもおもしろいであろう。

リューシスティック

T＋アルビノ

ダニューブクシイモリ

学名 *Triturus dobrogicus*

分布 ハンガリー・スロバキア南部・ルーマニア北西部と南東部・セルビア北部
・ブルガリア北部など

全長 14〜17cm前後　**飼育タイプ** 陸棲タイプ（時期や気温により水棲タイプ）

　他のヨーロピアンニュートに比べ胴体がやや細長く、特徴的な体型をしている。また、クレストの発達も大きく成体の水棲期の色彩も非常に派手で美しいため、飼育者をとても楽しませてくれる。成体の水中での生活が長い種としても知られているため、その姿を楽しめ る期間も長いであろう（もちろん条件による）。本種もWC個体は保護の対象となっているため流通はしないが、CB個体が比較的安定して流通しているので、飼育のチャンスは十分あると考える。

キタクシイモリ（ホクオウクシイモリ）

学名 *Triturus cristatus*

分布 イギリスとフランス北西部を西限、ロシア西部を東限、ノルウェーやスウェーデンの一部を北限、ルーマニア南部を南限とするヨーロッパ中北部〜ロシアにかけての広範囲

全長 13〜16cm前後　　**飼育タイプ** 陸棲タイプ（時期や気温により水棲タイプ）

　*Triturus*属で最も広い生息域を持つヨーロッパを代表するイモリ。その生息域の広さから、昔はWC個体が安価で非常に多く流通していた。しかし、近年では各国で開発などの影響により生息数が減ってしまい保護が強くなっているため、CB個体が少しずつ出回るほどとなってしまった。ダニューブクシイモリ同様、クレストが非常に発達して見栄えのする種であるが、本種は水棲期が短く、それを楽しめるのはごくわずかな時期である（水温の上昇に敏感であるため）。それを踏まえ、飼育はほぼ陸棲だと考えると良いであろう。

アルプスイモリ（ミヤマイモリ）

学名 *Ichthyosaura alpestris alpestris*

分布 フランス北西部からドイツ・ポーランド南部からルーマニア（カルパティア山脈付近）にかけて

全長 7〜11cm前後　　**飼育タイプ** 陸棲タイプ（時期や気温により水棲タイプ）

　スター選手の多い*Triturus*属の種類に隠れがちな存在であるが、その青みがかる体色と腹部のオレンジのコントラスト、四肢や体側に入る細かい斑点など小型ながら非常に見栄えのする美麗種である。アルプスと名が付いており、アルプス山脈の低温を連想させるかもしれないが、飼育（特に陸棲期）において極端な低温は不要であり、飼育困難種とは言えない。流通も比較的多いのでチャンスがあれば飼育してみていただきたい。本種を含めて4亜種が知られているが、一般的に流通するほとんどは基亜種であることと、亜種間の差異が一貫しておらず混沌としている点から、他亜種は割愛した。

シナコブイモリ（チュウゴクコブイモリ）

学名 *Paramesotriton chinensis*

分布 中国南東部（浙江省・湖南省・福建省・広西チワン族自治区など）に広く分布

全長 14〜16cm前後　　**飼育タイプ** 水棲タイプ

扁平な頭部と角ばった身体が特徴的なコブイモリの代表種。昔はホンコンイモリ（*Paramesotriton hongkongensis*）のほうが流通が多く、本種の名前で流通があってもホンコンイモリであるというパターンが非常に多かったが、数年前からそれが逆転し、現状ではどちらも保護の対象（ワシントン条約付属書II類）となり流通は激減してしまった。腹部は黒地に黄色やオレンジの鮮やかな色の斑点が入り、これはホンコンイモリとは大きく異なる箇所である。高水温と水質の悪化には強くないので、飼育にはやや注意が必要。

ベトナムコブイモリ

学名 *Paramesotriton deloustali*

分布 ベトナム北部（ハザン省・ビンフック省など）

全長 16〜20cm前後　　**飼育タイプ** 水棲タイプ

タムダオ山付近を中心としたベトナム北部に分布する大型の渓流棲コブイモリで、メスは属中最大級になる。標高200m付近の比較的人里に近い低地にも少数ながら生息しているとされ、そこからも分かるように飼育においては極端な低水温は不適であり、真冬は加温の準備も必要である。気性はやや荒く、特に繁殖期は気性が荒くなる個体が多いので、繁殖を狙う際や多頭飼育の際は注意が必要である。なお、以前は後述のユンウコブイモリ（*Paramesotriton yunwuensis*）やグァンシーコブイモリ（*Paramesotriton guangxiensis*）が本種であると間違えて流通したことがあったが、腹部の模様や皮膚の質感などで見分けることができる。

ユンウコブイモリ

学名 *Paramesotriton yunwuensis*
分布 中華人民共和国（広東省）
全長 15 〜 18cm 前後　　　**飼育タイプ** 水棲タイプ

　近年（ここ10年程度）になって輸入が見られたニューフェイス。幅広で手足が短めのガッチリした体型が特徴。流通初期はデータ不足ということもあり、ベトナムコブイモリとして紹介されていた可能性が高いが、今となっては真相は不明である。分布域も狭く、ワシントン条約入りとなってしまった今ではWC個体の流通は望めないが、日本のマニアによって繁殖例が数件報告されているので、今後入手のチャンスはあるだろう。

ラオスコブイモリ（ラオスイモリ）

学名 *Laotriton laoensis*（*Paramesotriton laoensis*）
分布 ラオス北部
全長 19 〜 22cm 前後　　　**飼育タイプ** 水棲タイプ

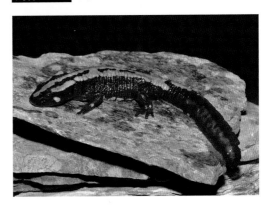

　10数年前の初流通時はわれわれにすさまじいインパクトを与えた、コブイモリ界のスーパースター。2002年に記載された当時はコブイモリ属（*Paramesotriton*）であったが、2009年に*Laotriton*属＝独立属となったため、ラオスイモリと呼ばれる場合もある。ラオスというと暑いイメージもあると思うが、生息地は1000m以上の高地のため極度の暑さは好まない。しかし、もちろん日本の冬のような気候になることもないので、有尾類＝寒さは平気という概念は捨てて飼育する必要があり、真冬は場合によってはヒーターを準備して飼育に臨みたい。いずれにしても本種はコブイモリ属の中においては非常に丈夫な種であると言って良いであろう。

コイチョウイボイモリ

学名 *Tylototriton kweichowensis*

分布 中華人民共和国（貴州省・雲南省）

全長 15～18cm 前後　　**飼育タイプ** 陸棲タイプ（繁殖期のみ水棲タイプ）

　後述のミナミイボイモリと並んで、その美しさから古くから輸入されていた大型イボイモリの1種。しかし、ここ数年本種として流通していた個体は、ほとんどが酷似している*Tylototriton yangi*（ヤンイボイモリ）であることが分かった（2012年に新種記載）。コイチョウイボイモリは背中の背側腺の隆起が線状に繋がるのに対し、ヤンイボイモリは独立した突起（イボ）が並ぶような形となる。いずれも2019年にワシントン条約附属書II類に入って以降、WC・CB個体ともに流通はほぼ見られていない（以下で紹介するイボイモリ属全種、同じ境遇である）。

ミナミイボイモリ

学名 *Tylototriton shanjing*

分布 中華人民共和国（雲南省西部）

全長 14～18cm 前後　　**飼育タイプ** 陸棲タイプ（繁殖期のみ水棲タイプ）

　その昔はアメイロイボイモリ（*Tylototriton verrucosus*）と混同されていたが、1995年に*shanjing*として記載された。昔はアメイロとともに大量に輸入されていたが、いかんせん着状態が悪く、生き残るのは数匹に1匹程度…という状況だった（今考えれば打ち首者の所業である）。真っ当な? 扱いをされだして以後の本種は、高温にも比較的耐性があることも分かり、それはまるで別種かと思うほどに飼育しやすく、その愛らしさと思いのほか人馴れすることで飼育者を楽しませてくれた。特にCB個体は、飼育していくうちに餌をねだりにくるほどにまでなることも珍しくない。CB化が進むことを願いたい。

アメイロイボイモリ（モトイボイモリ・ベルコサスイボイモリ）

学名 *Tylototriton verrucosus*

分布 中華人民共和国（雲南省西部）・タイ北部など

全長 15〜20cm前後　　　**飼育タイプ** 陸棲タイプ（繁殖期のみ水棲タイプ）

　混同されていただけのことはありミナミイボイモリと似ているが、本種は背正中線および背側腺の隆起があまり目立たず、色彩も地味であることで慣れれば見分けは容易である。しかし、本種は生息域が非常に広範囲に及ぶとされていて、近年ではそれらが細かく分類されつつある（*Tylototriton shanorum*などがその筆頭）。ミナミイボイモリ以上に丈夫な種と言え、気温も30℃程度になっても条件が良ければビクともしない。餌付きも良く、ペットとしては非常に優秀であるのだが…。

マンシャンイボイモリ

学名 *Tylototriton lizhenchangi*

分布 中華人民共和国（雲南省西部）・タイ北部・ベトナム北部・ラオス北部など

全長 15〜20cm前後　　　**飼育タイプ** 陸棲タイプ（繁殖期のみ水棲タイプ）

　日本のイボイモリ（*Echinotriton andersoni*）を彷彿とさせるその漆黒のフォルムは、日本の種が飼育できない今、有尾類ファンなら誰もが飼育欲をそそられるであろう。しかし、属自体異なるという点もあり性格はやや違い、本種のほうがやや臆病で特に飼育開始直後はまず姿を見せないうえ、触るとすぐに体をのけぞらせるように防御体勢をとる。ピンセットからの給餌もすぐには不可能な場合も多いので、焦らずじっくり飼育したい。近縁であり姿も酷似しているキメアライボイモリ（*Tylototriton asperrimus*）、およびシセンイボイモリ（*Tylototriton wenxianensis*）との関係性は非常に難しく、過去に流通していた後者2種もその種の同定精度は非常に低いと思われる。これら3種に関しては産地がはっきりしない個体に関して、遺伝子レベルでないと見分けが困難だとの話もあるので、繁殖を目指す場合は同じ個体群からペアを組むようにしたい。

サラマンダー・その他編

Photographic inventorory/Caudata:Salamander etc.

マダラファイアサラマンダー（基亜種ファイアサラマンダー）

学名 *Salamandra salamandra salamandra*

分布 ウクライナ・スロベニア・ルーマニアなど東ヨーロッパに広く分布

全長 15〜23cm前後　　　**飼育タイプ** 陸棲タイプ

　数多いファイアサラマンダーの仲間で近年最も流通量の多い基亜種。単に「ファイアサラマンダー」として販売されている場合はほぼ間違いなく本種であると言って良いであろう。数年前まではウクライナ周辺の個体群が多く輸入されていたが、ここ数年は黒みがちで細切れの不規則なラインが模様のスロベニア周辺の個体群と思われるタイプが多く輸入されている。飼育は陸棲有尾類の基本を守っていれば特段問題はないが、大型個体の場合は稀になかなか餌付かない個体も見られるので、さまざまな給餌パターンを用意しておくと良いだろう（意外とワーム系よりも虫系のほうを好む）。

スロベニア

イタリアファイアサラマンダー（ギグリオリファイアサラマンダー）

学名 *Salamandra salamandra gigliolii*

分布 イタリア（中部から南部）

全長 15～20cm前後　　　**飼育タイプ** 陸棲タイプ

　黄色の面積が他亜種より多い個体が多く、色合いも非常に濃い黄色（山吹色に近い）ということもあり非常に目を引く。フランスファイアなど他亜種にも黄色の面積が多い個体は存在するが、顔つきが本種は扁平であることや吻端の形状の違い（本種は短めで丸い傾向）、そもそもの色合いの違いなどで見分けられる。

ファイアサラマンダーの中ではやや低温を好み感染症にも罹りやすいと考えるため、夏場の暑さ対策や掃除の徹底は必須であり、上限を25～26℃程度と考えて飼育したい。ただ、高温を気にするあまり低温固定で飼育することは不活性を招くので、メリハリはつけたいところである。

イベリアファイアサラマンダー（ベルナルドファイアサラマンダー）

学名 *Salamandra salamandra bernardezi*

分布 スペイン北部から北西部

全長 13 〜 16cm 前後 　　**飼育タイプ** 陸棲タイプ

　ファイアサラマンダーの中では小型の亜種で、顔つきは他亜種に比べてややシャープである。本種の中においても色柄に非常に差があり、ほぼ全身黄色の個体から、細いラインが背中に2本入るフランスファイアのような個体までさまざまである。なお、その背中のライ ンは本種は輪郭がギザギザになる個体が多い。また、大きな特徴として本種は幼生ではなく幼体（鰓のない陸棲状態の子供）で出産することもある。やや低温を好む傾向にあるが、CB個体に関しては常識的な温度であればそこまで気を遣わなくても良いと考える。

オビエド産

テンディファイアサラマンダー

学名 *Salamandra salamandra alfredschmidti*

分布 スペイン（アストゥリアス州のテンディ川周辺のみ）

全長 13 ～ 16cm 前後　　**飼育タイプ** 陸棲タイプ

　昔はイベリアファイアの産地別（テンディ渓谷産）とされていた種であるが、2006年に独立して亜種として記載された。とはいえ、イベリアファイアと非常に近縁であり、色彩などとは似ていると言える。しかし、本種は黒の面積が非常に少ない傾向にあり、主に茶色みがかった黄色やからし色のような黄色が体の大半を占め、体側の黒いラインが消失している個体も多い。また、本種もイベリアファイア同様に幼体を出産することも知られている。

ブラウンタイプ

フランスファイアサラマンダー（テレストリスファイアサラマンダー）

学名 *Salamandra salamandra terrestris*

分布 フランス・ドイツ・スペインなど

全長 17〜23cm 前後　　　**飼育タイプ** 陸棲タイプ

　現在はマダラファイアサラマンダーの流通が一般的であるが、20年以上前は本種が最も流通の多いファイアサラマンダーとして市場に多く出回っていた経緯がある。キスジファイアサラマンダーの和名もあるが、主な流通名ではない。背側腺に沿って走る2本のストライプが特徴であるが、途切れている個体も多い。逆に、べったりと背中全体に黄色が乗る個体も存在し、それは地域差であるとされ、ヨーロッパの趣味家の間では個体群ごとに繁殖されている。また、本種はレッドタイプも存在し、それは改良や突然変異の固定ではなく地域個体群であるとされ、愛好家が選別交配により維持してきているものが出回っている。黄色を中心として赤が若干入るような中間的な個体も存在するので、地域差という説が濃厚であろう。飼育は基本的に難しくはなく、極端な高温に注意して基本どおり飼育していけば、餌付きも良い個体が多いので初めての人でも十分楽しめるであろう。他亜種に比べて大型になるので、成長も楽しみな種である。

ラベンダーアルビノ

レッド

アルビノ

ポルトガルファイアサラマンダー（ガライカファイアサラマンダー）

学名 *Salamandra salamandra gallaica*
分布 ポルトガルからスペイン北西部
全長 15 〜 20cm 前後　　　　**飼育タイプ** 陸棲タイプ

　他亜種に比べてずんぐりむっくりで尾が短いのが特徴。また、色合いも変化に富んでいて、黒地に細かい不規則な黄色の斑点が多数入る個体が中心であるが、その黄色の斑点がドーナツ状になる個体・顔や黄色の斑点の中に赤が発色する個体・顔中が赤く染まる個体などさまざまである（それらは地域差由来）。顔や体が赤く染まるのは本種の見応えのある部分であろう（他亜種にも見られるが、本種はその面積が大きい）。基亜種（マダラファイア）と並んで高温とちょっとした乾燥に強い種であり、逆に過度に温度を下げたまま飼育をすると調子を崩すこともある。

コインブラ産

セントラルポルトガル産

ノーザンスペイン産

ムジハラファイアサラマンダー（ムジハラサラマンダー）

学名 *Salamandra infraimmaculata*

分布 イラン・イラク・トルコ・イスラエルなどの中東地域

全長 22～30cm前後　　　**飼育タイプ** 陸棲タイプ

　*Salamandra*属の最高峰、そして異端児と称されることも多い、中近東に生息する大型種。特に基亜種は大きくなるとされ、32cm以上の記録も存在している。3亜種存在し、基亜種（*S. i. infraimmaculata*）と*S. i. orientalis*は非常に酷似しており、亜種関係が疑問視されているようである。*S. i. semenovi*は非常に特徴的かつ派手な色彩が特徴で、それはひと目見たら忘れられない体色と言える個体も少なくない。ただ、いずれの亜種も流通は非常に少なく、特に*semenovi*亜種は流通しても価格は有尾類としては破格であろう。

S. i. semenovi

Mt.レバノン

アルプスサラマンダー（アトラサラマンダー）

学名 *Salamandra atra atra*

分布 アルプス山脈周辺を中心に、
フランス・スイス・ドイツ・オーストリア・スロベニアなど

全長 12～15cm前後　　　**飼育タイプ** 陸棲タイプ

　完全な漆黒の体色が最大の特徴。細身で肋骨部分は突起が目立つが、それは肉付きに関係なく露出することが多いので飼育時に気にする必要はない。本種は完全に幼体で出産することが知られていて、その幼体は非常に大きく、いきなり5mm程度のコオロギも十分捕食できる。ただ、その数は少なく最大でも2個体だとされている（筆者も2個体以上の出産は見たことない）。飼育は意外と容易で、イメージにあるような過度な低温は不要である（26～27℃程度でも普通に飼育可能）。ただ、継続して高温に晒さないことは心がけたい。他に3亜種（合計4亜種）知られているが、基亜種以外はほとんど流通しないので割愛した。

オビタイガーサラマンダー（バードタイガーサラマンダー）

学名 *Ambystoma mavortium mavortium*

分布 アメリカ合衆国（テキサス州・オクラホマ州・カンザス州・ニューメキシコ州・ネブラスカ州など）

全長 18 〜 25cm 前後　　**飼育タイプ** 陸棲タイプ

後述のトウブタイガーサラマンダーと共に、非常に古くからペットとして親しまれている北米産大型有尾類。その名のとおり、黒地に黄色の帯状の模様が入るのが特徴であるが、地域差や個体差もあり一概には言えない（特に色合いはさまざまである）。昔はトウブタイガーサラマンダーよりも本亜種の流通が多かったが、ここ数年は完全に逆転しており、本亜種は年に1回程度かそれ以下の流通しか見られなくなった。EUやチェコからの繁殖個体も見られるが、名前

と種類が一致していない個体も見られるので注意が必要である。本種は他にブロッチタイガーサラマンダー（*A. m. melanostictum*）・グレイタイガーサラマンダー（*A. m. diaboli*）・アリゾナタイガーサラマンダー（*A. m. nebulosum*）・ソノラタイガーサラマンダー（*A. m. stebbinsi*）の4亜種が知られているが、特に後者2種は流通がほぼ見られない。前者2種はごく稀に流通が見られるが、本種に混ざって流通することは少ない。

オビタイガーサラマンダー

グレータイガーサラマンダー（ハイイロタイガーサラマンダー）

学名 *Ambystoma mavortinum diaboli*

分布 カナダ（サスカチュワン州・マニトバ州南西部）・
アメリカ合衆国（ノースダコタ州北部・サウスダコタ州の一部など）

全長 20 〜 25cm 前後　　　　**飼育タイプ** 陸棲タイプ

　灰色（カーキー色）の地色に小さな黒い斑点がまば　らに入るだけという、タイガーサラマンダーの中では非常に地味な色彩を持つ。しばしばブロッチタイガーサラマンダーと混同されるが、見ためが全く異なるため、それは名前からくるものであろう（本種の持つ斑点模様＝ブロッチとされてしまう間違った認識から）。本種は

まとまった流通はあまり見られず、特に近年（ここ4〜5年）はほぼ皆無であり、過去も別種に混ざる程度であった。オビタイガーサラマンダーの亜種ではあるがオビタイガーサラマンダーに混ざって流通することは少なく、トウブタイガーサラマンダーやその幼生（ウォータードッグという名で流通）に混ざることが多かった。

トウブタイガーサラマンダー

学名 *Ambystoma tigrinum*

分布 アメリカ合衆国（北部はミネソタ州・ウィスコンシン州・アイオワ州などから、南部はアラバマ州・ジョージア州・フロリダ州北部・テキサス州まで）・カナダ（マニトバ州のごく一部）

全長 20 〜 28cm 前後　　　　**飼育タイプ** 陸棲タイプ

　以前は本種も含めて6亜種のタイガーサラマンダーという分類であったが、本種が独立種となった。しかし、本種は生息地の広さが物語っているように色柄の個体差（地域差）が非常に多岐に渡っており、オビタイガーサラマンダーなどと隣接している地域も多く、国内での流通時の仕分けが非常に混沌としている。おそらく本種がオビタイガーサラマンダーとして流通したことはいく度となくあったであろう。ただ、採集地が明確でな

い以上、外見での完全な仕分けは困難だと言えるので、名前で選ぶのではなく、自身が見て気に入った個体を飼育するようにしたいところである。強いて言えば、ややくすんだ黒地にオリーブイエローのスポットが入る個体やオリーブグリーンの網目模様が入る個体が典型的な本種とされることが多い。飼育に関してはオビタイガーサラマンダーと並んで非常に容易であるが、いずれも過食には注意したい。

マーブルサラマンダー

学名 *Ambystoma opacum*

分布 アメリカ合衆国（ミシガン州南部からテキサス州東部・アラバマ州、そしてフロリダ州北部からニューハンプシャー州に至るまでの広範囲）

全長 8〜12cm 前後　　　**飼育タイプ** 陸棲タイプ（地中棲傾向が高い）

　その大理石のような模様とつぶらな瞳の愛らしい表情から、有尾類ファンなら誰もが一度は飼育してみたくなる、北米を代表する小型美麗有尾類。しかし基本的に土中や苔の下での生活なので、その姿は思うように見られないのが辛いところである。小さな見ためからか、低温必須と思われている節もあるが、思っている以上に強健な種であり、他の有尾類を飼育できる常識的な温度であれば基本的に問題はない。産卵を完全な陸上（倒木の下など）で行い、メスはその卵を守ることが知られている。比較的安定した流通が見られているが、今後を考えてCB化を取り組みたいところである。

幼体

スポットサラマンダー

学名 *Ambystoma maculatum*

分布 アメリカ合衆国（メイン州からジョージア州までの大西洋沿岸部・テキサス州東部、そしてミネソタ州に至るまでの広範囲）・カナダ（オンタリオ州南部・ノバスコシア州南部など）

全長 15 〜 25cm 前後　　**飼育タイプ** 陸棲タイプ（地中棲傾向が高い）

　マーブルサラマンダーと並んで、非常に美しく昔から比較的安定した流通が見られている北米を代表する種の1つ。スポットの入りかたは地域差や個体差が見られ、1つ1つが大柄な個体やその逆に細かい模様の個体、頭部にオレンジのスポットが入る個体、ほとんどスポットの入らない個体など多岐に渡る。飼育に関してはマーブルサラマンダー同様、想像以上に丈夫な種類であり、過度な高温と乾燥に気をつければ飼育を楽しめるが、本種もほぼ地中棲種と言えるので、潜らせるためのセッティングは必須である。

モールサラマンダー

学名 *Ambystoma talpoideum*

分布 アメリカ合衆国（サウスカロライナ州中部からテキサス州東部、そしてイリノイ州南部にかけてなど）

全長 7〜12cm 前後　　　　**飼育タイプ** 陸棲タイプ（地中棲傾向が高い）

　名前のモール（mole）はモグラの意味であり、その名のとおり、非常に土中棲傾向の強い本属の中では小型な種類。尾が短く体も太短いため全体的に非常にずんぐりした体型に見え、それがなんとも愛らしい（オタマジャクシという愛称もあったりなかったり）。生息域の広さのわりに流通は昔から非常に不定期で、ここ数年に関してはほとんど輸入が見られていない。飼育は同属他種のマーブルサラマンダーなどに準ずる形で問題ないが、よりしっかりと潜れる環境を用意すると良いであろう。

ケイブサラマンダー

学名 *Eurycea lucifuga*

分布 アメリカ合衆国（オハイオ州・インディアナ州からアラバマ州などの北米中東部）

全長 12〜20cm 前後　　　　**飼育タイプ** 陸棲タイプ

　洞窟などの薄暗い冷涼な場所で見つかることが多い点からその名が付けられたとされている。そのことは日本のハコネサンショウウオのような容姿からもでき、動きもハコネサンショウウオ同様で走るのも速い。飼育には冷涼な環境が必須となるが、一時的に25℃前後になってしまっても問題はなかった。日本にまだ何匹も流通していないと考えられる珍種であり、今後のさらなる流通もあまり見込めないと考える。

マッドサラマンダー

学名 *Pseudotriton montanus*

分布 アメリカ合衆国（ニュージャージー州からジョージア州にかけての大西洋岸と、*diasticutis* 亜種のみウェストバージニア州からテネシー州にかけてのアパラチア山脈西側沿い）

全長 10 〜 16cm 前後　　　**飼育タイプ** 陸棲タイプ

　レッドサラマンダーと並んで、透明感のある赤い体色が目を見張る人気種。4亜種知られており、いずれもレッドサラマンダーに非常に似ているが、幼体を含めてより赤の発色が強く、鼻の短さや瞳孔の色の違いなどで判別可能である。以前はある程度日本への流通も見られたが近年は非常に少なく（ほぼ皆無）、今後も州単位の保護の影響で流通は見込めないであろう。

レッドサラマンダー

学名 *Pseudotriton ruber*

分布 アメリカ合衆国（ニューヨーク州やオハイオ州北東部からアラバマ州にかけてとサウスカロライナ州、南はルイジアナ州など亜種ごとに広範囲に分布）

全長 12 〜 18cm 前後　　　**飼育タイプ** 陸棲タイプ（地中棲傾向が高い）

　マッドサラマンダー同様、グミのような質感の体に赤い体色が目を引く美麗種。サイズも想像以上に大きくなり、15cmを超えることも珍しくない。年齢が進むと体色は徐々に白化していき薄いピンク色のようになる。飼育は水中飼育をする方も多かったが基本的には土中を好む種であり、マーブルサラマンダーを飼育するようなスタイルで全く問題はない。気温も思った以上に高め（25〜26℃前後）でも問題ないが、これは亜種にもよると思われるので注意が必要。本種も今後の流通は見込めないのが残念である。

サウスカロライナスライミーサラマンダー

学名 *Plethodon variolatus*

分布 アメリカ合衆国（サウスカロライナ州・ジョージア州など）

全長 12〜15cm 前後　　　**飼育タイプ** 陸棲タイプ

　非常に古くから流通が見られる北米を代表するムハイサラマンダーを代表する1種。今回紹介したのはサウスカロライナ種であるが、スライミーサラマンダーの名で流通する種類は非常に多く、厳密に区別されることは少ない（区別も非常に困難である場合が多い）。そ

のため、繁殖を狙う場合は別種を買い足しても意味がなくなるので、1回の流通である程度まとまった数を購入してペアを揃えるようにしたい。飼育は比較的容易であるが、思いのほか高温には弱いので、比較的安価で売られているが注意して飼育に臨みたい。

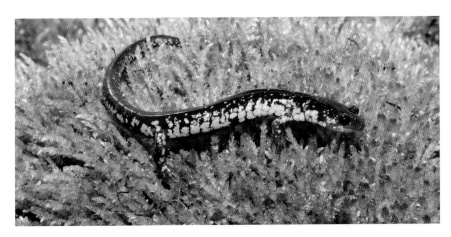

ヨナロッシサラマンダー（ロンギクルスサラマンダー）

学名 *Plethodon yonahlossee*（*Plethodon longicrus*）

分布 アメリカ合衆国（バージニア州・ノースカロライナ州・テネシー州などのアパラチア山脈南東部の狭い範囲）

全長 13〜20cm前後　　　**飼育タイプ** 陸棲タイプ

　北米大陸最大級のムハイサラマンダーで、20cmを超える個体もいるとされている。また、その背中の赤い模様、および配色が非常に目を引き、2018年の国内流通時（おそらく初）はファンを驚かせた。ただ、体色は非常に個体差があり、赤の面積や濃さは全てが一定ではない。また、*P. longicrus*もほぼ同様の体色や特徴を持っており、近年の分類では本種の地域個体群とする説が濃厚である。

若い個体
（*P. longicrus*）

ダスキーサラマンダー

学名 *Desmognathus fuscus*

分布 アメリカ合衆国（大西洋岸の州の多くからルイジアナ州にかけての広範囲）・
カナダ（ケベック州南東部・ニューブランズウィック州南部）など

全長 9〜13cm前後　　**飼育タイプ** 陸棲タイプ

スライミーサラマンダー同様、非常に古くから親しまれている北米を代表する小型種。マウンテンダスキーサラマンダー（*Desmognathus ochrophaeus*）やシールサラマンダー（*Desmognathus monticola*）など似た種も多く、区別が曖昧な場合もあるので注意が必要。水中生活を送ることも知られているが、基本的には土中を好むので、陸棲種の飼育スタイルで問題ない。非常に貪欲な種で、多頭飼育していると個体同士で尾を齧り合ってしまうこともあるため注意が必要。また、捕獲時に魚のように跳ね回るように激しく動くことも多く、捕獲した際に逃げられないよう注意して取り扱うようにしたい。

レッドバックサラマンダー

学名 *Plethodon cinereus*

分布 アメリカ合衆国（ウィスコンシン州東部とイリノイ州東部より東側の北東部の広範囲）・
カナダ（ノバスコシア州からオンタリオ州南部）

全長 6〜11cm前後　　**飼育タイプ** 陸棲タイプ

その名のとおり、鮮やかな朱色の背中が特徴の北米を代表する小型美種。しかし、背中の色はやや地域差があり、ピンク色や黄色みがかる個体群も知られている。細身で小ぶりな種類のため飼育を敬遠されがちであるが、非常に貪欲な種で餌付きは良いので、小さな餌をこまめに与えることができれば飼育は問題ないであろう。ただし小型種ということもあり、極端な乾燥には弱いので注意する。

ノーザンツーラインサラマンダー

学名 *Eurycea bislineata*

分布 アメリカ合衆国（メイン州からオハイオ州・ウェストバージニア州までの北東部の広範囲）・
カナダ（ケベック州南部・オンタリオ州東部など）

全長 6〜10cm 前後　　　　　**飼育タイプ** 陸棲タイプ

　黄色や飴色という独特の体色をベースとして、背中に2本の黒い線が走るところからその名が付いたとされ、フタスジサンショウウオの和名もあるが、ツーラインサラマンダーと呼ばれることのほうが多い。小型種であるが胴はサイズのわりにガッチリしていて弱々しさは感じさせない。飼育は他の北米小型種の土中を好む種に準じて問題ない。近縁種にブルーリッジツーラインサラマンダー（*Eurycea wilderae*）がおり、区別されずに輸入されていることもあるので、繁殖を目指す場合は注意が必要である。

スリーラインサラマンダー

学名 *Eurycea guttolineata*

分布 アメリカ合衆国（バージニア州南部からテネシー州南部より南側の北米南東部の広範囲）

全長 10 〜 16cm 前後　　**飼育タイプ** 陸棲タイプ

　ハコネサンショウウオを彷彿とさせる、細身でやや大型になる北米の美麗種。2本しか線がないと思われがちであるが、ここでいう線（ライン）は黒いラインを指し、背中線の黒いラインを含めて3本走っているのが確認できると思う。やや臆病であるが餌付きは良く、動く虫なとは何でも食べてくれる個体が多いので餌の心配は少ない。水への依存度は高いが、乾燥に注意すれば基本的な陸棲種の飼育方法で問題はない。

メキシコサラマンダー（ウーパールーパー）

学名 *Ambystoma mexicanum*

分布 メキシコ（ソチミルコ湖とその周辺にのみ生息）

全長 18〜28cm 前後　　**飼育タイプ** 水棲タイプ

　両生類・爬虫類のことを知らない人でも「ウーパールーパー」と言えばかなりの確率で知っている人が多いであろう。おそらく最も有名な有尾類だと思う。ただ、本種がれっきとしたサンショウウオの仲間であるということを理解していた人は少ないかもしれない。近年では実験動物としての利用から派生し、ペット用としても国内で多く繁殖され、色変個体も含めて非常に安定した流通が見られている。しかし、本種の野生個体は開発の影響などからくる生息地の環境悪化により、生息数が非常に激減しており、見ようと思っても簡単に見られるような状況ではなくなってしまった。故に、ワシントン条約にて保護されているが（ワシントン条約附属書II類に指定）、日本国内で多く繁殖されていて需要は十分賄われているため、ペットとしての流通は全く問題はない。幼形成熟（ネオテニー）種としても有名で、本来有尾類の多くは幼生期は外鰓が付いた状態で、成長するとそれが消えて性成熟する形が一般的であるが、本種は外鰓が残った状態でも性成熟を迎える。有名な種で誰でも飼えそうなイメージがあると思うが、本種もやはり極端な高水温には弱い（特にサイズの小さい幼体）。大型個体は大食漢であり水も汚しやすいので、こまめな水換えは必須であり、フィルターも用意したいところである。

リューシスティック

アルビノ

ブラックスポット

グレー／ホワイト

レオパードブラック

リューシスティック
ペッパー

ライトグリーン

マーブルイエロー

マーブルスポット

イエロー

ブラックマーブル

ラメマーブル

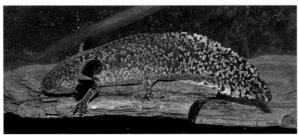

ホルスタイン

ラメイエロー

マーブルヘッド

イエローマーブル

アンダーソンサラマンダー

| 学名 | *Ambystoma andersoni* |

| 分布 | メキシコ中部（ミチョアカン周辺）の標高 2000m 以上の小川や湖など |

| 全長 | 18 〜 25cm 前後 | **飼育タイプ** 水棲タイプ |

メキシコサラマンダー（*Ambystoma mexicanum*）に容姿などは非常に似ているが、生息地が違うことと、本種のほうが全体的に寸詰まりで体高があり尾の幅も広い。模様もトラ柄がはっきりと出て非常に見栄えする種である。生息地では同様に厳重に保護されているが、なぜか食用として採集されることが知られている。本種もネオテニー（幼形成熟）であり、大型個体で大きな外鰓が付いた姿はみごとである。過去において流通はほぼ皆無であったが、2016年からヨーロッパでの繁殖個体が多く出回るようになり、今では愛好家の手によっても繁殖されている。ただ、メキシコサラマンダーほど繁殖は容易ではなく、雌雄の判別もやや困難である（成熟も遅いと感じる）。

ベルサラマンダー

学名 *Isthmura bellii*（*Pseudoeurycea bellii*）

分布 メキシコ（ソノラ州とチワワ州の境目の地域およびメキシコ中央部付近のメキシコ高原の南部から西部の縁）

全長 20〜35cm 前後　　**飼育タイプ** 陸棲タイプ

　世界最大のムハイサラマンダーであり、おそらく最大の陸棲有尾類である。過去の世界記録では36cmという個体もいたようで、実際に日本国内へ流通した個体でも30cm前後の個体は見られた。2亜種から構成されているが、基本的に流通するのは基亜種であると考えられる。完全陸棲の種でやや樹上棲傾向もあるとされるが、基本的には地上、もしくは何か障害物の下に隠れていることが多く、夜間の活動時間帯になると姿を現す。近縁種のミットサラマンダー（特にオオミットサラマンダー）の飼育が非常に困難であるため、本種も敬遠されがちではあるが、本種は比較的長期飼育例も聞かれるようになり、ごくわずかであるが国内での繁殖例も見られた。飼育に関しては過剰な低温と高温に注意し、通気の良いケージは必須となる。

ガルフコーストウォータードッグ

学名 *Necturus beyeri*

分布 アメリカ合衆国 (テキサス州東部からルイジアナ州中部およびアラバマ州・ジョージア州・フロリダ州)

全長 15〜20cm 前後　　　**飼育タイプ** 水棲タイプ

　ベイヤーズマッドパピーという名でも流通するが、同属別種のマッドパピー (*Necturus maculosus*) より本種のほうがはるかに小型。メキシコサラマンダー同様ネオテニー (幼形成熟) 種であり、上陸した姿は過去に見たことはない。別種のアラバマウォータードッグ (*Necturus alabamensis*) と非常に似ており判別はやや困難である。また、生息域も一部重なっているとされ、自然交雑の可能性もゼロではないためいっそう難解である。四脚を使って水底をフワフワ歩く姿は非常に愛らしく、近年では本家マッドパピーの流通がほぼ皆無になってしまったため、本種の飼育を楽しむ人が増えた。思いのほか丈夫で、新しい水であればやや高めの水温 (26〜27℃前後) でも問題なく飼育できる。

マッドパピー

学名 *Necturus maculosus*

分布 アメリカ合衆国 (ニューヨーク州からジョージア州大西洋岸地域の南北に広い範囲およびアラバマ州・ミシシッピ州)・カナダ (ケベック州南部・オンタリオ州南部・マニトバ州南東部など)

全長 20〜33cm 前後　　　**飼育タイプ** 水棲タイプ

　日本人ならこの姿を見てオオサンショウウオを思い出す人もいるかと思う。北米にもヘルベンダー (*Cryptobranchus alleganiensis*) というオオサンショウウオ科の有尾類が存在するが、本種もそのフォルムや動きなとはそれを彷彿とさせ、われわれの心を踊らせる。本種も完全なネオテニー (幼形成熟) 種であり、上陸した姿を見たことない。冷涼な環境を好み、25℃を超える水温だとやや厳しいためエアコン管理ができない場合は水槽用クーラーなどは必須である。また、水質の悪化にも弱いので、こまめな水換えや大型の濾過器の設置も心がけたい。調子が良いとみごとなまでに外鰓が真っ赤になり、花が咲いたように首元でフサフサと動く姿は飼育意欲を掻き立てる。また、細かい砂を敷くとそこに潜って、外鰓から上だけを出している姿を見られたりもして、行動も非常に興味深い種である。しかし、以前はコンスタントに輸入されていたが、近年は多くの州で保護対象となり流通は見られなくなってしまっている。

ヒメヌマサイレン（キタヒメサイレン）

学名 *Pseudobranchus striatus*　　**分布** フロリダ半島
全長 10～25cm前後　　**飼育タイプ** 水棲タイプ

　ドジョウのようなフォルムであるがれっきとした有尾類である。サイレン科全て後脚はなく、前肢2本のみで水底を器用に移動する。数年前までは流通がほぼ見られなかったが、ここ数年はある程度定期的な輸入が見られ、現在では国内の愛好家の手によって定期的な繁殖が見られるようになり、その個体が流通するようになっている、非常に嬉しくありがたい例である。近縁種としてミナミヒメサイレン（*Pseudobranchus axanthus*）も知られており、容姿は似ていることから分けられずに流通することも多い。輸入個体は到着時に傷を負っていることも多く、それが原因で長持ちしない場合も多いが基本的に丈夫な種であり、高水温（27～29℃前後）でも一時的であれば十分耐性がある。人工飼料にも餌付くが、口が小さいので細かいものをこまめに与えるようにしたい。

グレーターサイレン

学名 *Siren lacertina*

分布 アメリカ合衆国（ウェストバージニア州から大西洋沿岸地域・フロリダ半島（フロリダ州）を通って
アラバマ州南西部のメキシコ湾沿岸部まで）

全長 50〜70cm前後　　　　**飼育タイプ** 水棲タイプ

　その名のとおり、サイレン科では最も大きくなる
種で、最大では90cmを超えたという記録もあり、
有尾類全体をみても長さで言えば大きなほうであ
る。ただ、それを聞くと飼育に二の足を踏む人も
いると思われるが、仮に幼体から飼育を始めたとし
て、飼育下で90cmを越すことはまずない。逆に、
90cm近い大型個体がほしいようならば、始めか
ら大型の野生個体を入手するしかないとも言える
ほどである。非常に丈夫な種で餌付きも良いため、
飼育は水棲有尾類を飼育する基本的なスタイル
で問題ないが、特に導入直後は水温の変化を
避けたいので、ヒーターでやや高めの水温（27℃
前後）で安定させると良い。

ミツユビアンヒューマ

学名 *Amphiuma tridactylum*

分布 アメリカ合衆国（アラバマ州からテキサス州東部にわたるメキシコ湾沿岸地域・ミシシッピ州西部・
テネシー州西部・ミズーリ州など）

全長 45〜100cm前後　　　　**飼育タイプ** 水棲タイプ

　全長100cmを超えた記録もある大型の水棲有尾類。サイレン
科が前肢2本であるのに対し、アンヒューマは前肢2本と後肢も2
本備わっている。しかし、それらは体のサイズのわりに頼りなく、
重要性はやや低いように感じる。近縁種でフタユビアンヒューマ
（*Amphiuma means*）がいてフォルムは似ているが、その名のと
おり手足の指の数が違うので判別は十分可能である。アンヒュー
マの特性として、干ばつ時に泥の中で繭を作り、干ばつを乗り
切るという習性が知られている。また、逆に豪雨時に水が溢れ
た時は地を這い回って移動するという姿が確認されているが、
いずれにしても飼育下では無縁であろう。そのように丈夫な生き
物であるが、飼育はややひと筋縄ではいかない場合が多く、低
水温には非常に弱いためヒーターは必須である。休眠をさせる
場合は、水苔に多めに水を含ませ、それを泥に見立ててそこに
潜らせる形にしておくと、かなり寒い場所でも十分生きる。「低温
に弱い」というわけではなく「低水温に弱い」という点を誤解せ
ず飼育したい。水質の悪化などには強い。

付録
日本の有尾類

　ほとんどが飼育対象（天然記念物などに指定されているものが多い）ではないが（飼うのではなく観察を楽しむ生き物）、世界でも有数の有尾類大国である日本。その一部を紹介する。有尾好きにはぜひ彼らの存在と、彼らがおかれている現状を知っておいてほしい。

◎**アカハライモリ**　*Cynops pyrrhogaster*

◎**シリケンイモリ**　*Cynops ensicauda*

◎**イボイモリ**　*Echinotriton andersoni*

◎**オオサンショウウオ**　*Andrias japonicus*

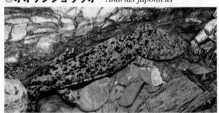

◎**ハコネサンショウウオ**　*Onychodactylus japonicus*

◎**タダミハコネサンショウウオ**　*Onychodactylus fuscus*

◎**シコクハコネサンショウウオ**　*Onychodactylus kinneburi*

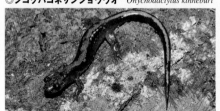

◎**キタオウシュウサンショウウオ**　*Onychodactylus nipponoborealis*

◎**キタサンショウウオ** *Salamandrella keyserlingii*

◎**アカイシサンショウウオ** *Hynobius katoi*

◎**ベッコウサンショウウオ** *Hynobius ikioi*

◎**マホロバサンショウウオ** *Hynobius guttatus*

◎**イヨシマサンショウウオ** *Hynobius kuishiensis*

◎**ツルギサンショウウオ** *Hynobius tsurugiensis*

◎**ブチサンショウウオ** *Hynobius naevius*

◎**チュウゴクブチサンショウウオ** *Hynobius sematonotos*

◎チクシブチサンショウウオ *Hynobius oyamai*

◎ハクバサンショウウオ *Hynobius hidamontanus*

◎オキサンショウウオ *Hynobius okiensis*

◎ツシマサンショウウオ *Hynobius tsuensis*

◎オオダイガハラサンショウウオ *Hynobius boulengeri*

◎イシヅチサンショウウオ *Hynobius hirosei*

◎ヒダサンショウウオ *Hynobius kimurae*

◎ヒガシヒダサンショウウオ *Hynobius fossigenus*

日本の有尾類

◎**アベサンショウウオ** *Hynobius abei*

◎**エゾサンショウウオ** *Hynobius retardatus*

◎**ホクリクサンショウウオ** *Hynobius takedai*

◎**トウホクサンショウウオ** *Hynobius lichenatus*

◎**オオイタサンショウウオ** *Hynobius dunni*

◎**クロサンショウウオ** *Hynobius nigrescens*

◎**トウキョウサンショウウオ** *Hynobius tokyoensis*

◎**カスミサンショウウオ** *Hynobius nebulosus*

日本の有尾類

◎ヤマトサンショウウオ *Hynobius vandenburghi*

◎ヤマグチサンショウウオ *Hynobius bakan*

◎イワミサンショウウオ *Hynobius iwami*

◎アキサンショウウオ *Hynobius akiensis*

◎アブサンショウウオ *Hynobius abuensis*

◎サンインサンショウウオ *Hynobius setoi*

◎セトウチサンショウウオ *Hynobius setouchi*

◎ヒバサンショウウオ *Hynobius utsunomiyaorum*

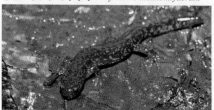

有尾類のQ&A

Q 爬虫類飼育の経験が
なくても有尾類は
飼えますか?

A 爬虫類の飼育とは近い部分ももちろん
ありますが、そこまで関連性はありま
せん。水棲種の飼育ならば熱帯魚の飼
育経験のほうが役に立つでしょう。い
ずれにしても、「有尾類が飼いたい!」と
いう強い気持ちがあれば、よほどの飼
育困難種でなければ十分飼育可能だと
思うので頑張ってください。

Q 寿命は
どのくらいですか?

A もちろん種類によって違うのですが、
有尾類の多くはとても長寿で、日本の
アカハライモリでも飼育下で20年以
上生きている例は多いです。ただ、寿
命といっても飼育下と野生下とでも違
うし、言ってしまえば個体によっても
違います(人間も全員が100歳まで生
きるわけではありません)。寿命を気
にしすぎることは飼育するにあたって
はナンセンスであり、その個体が長生
きできるよう全力で飼育に取り組みま
しょう。

Q 初心者におすすめの
種類はありますか?

A これはどの生き物の飼育にも言えることですが、「初心者だからこの種類を飼い
ましょう」「初心者はまずこの種類から!」というような選びかたはあまり好まし
いと思えません。飼育が難しいと感じるポイントは人によって違います。また、
あまり興味のない種を無理に飼育することはどう考えても良いことではありま
せん。よほどの飼育困難種であれば話は別ですが、自分が飼育したい種類が「少
し頑張れば飼えそう」という種類であるなら、お店と相談しながらその種類が飼
えるように頑張れば良いと思います。ただ、流通の多い少ない・値段の高い安
いは当然あるので、そのへんもお店に質問してみると良いでしょう。

Q 夏場にエアコンなしで飼育できますか?

A 非常に多い質問ですが、それは各ご家庭の家の作りやお住いの地域などによって大きく異なるので、安易にYes/Noでは答えられません。まずは飼育する部屋の気温を把握するところから始め、エアコン以外の冷却グッズなどを使うのか、高温に強い種類を選ぶのか、真夏だけエアコンを使うのかなどを考えたうえで意思決定をしてください。

Q 多頭飼育できますか?

A コブイモリの仲間やフトイモリの仲間など、水棲種はやや気性が激しく喧嘩してしまう種もいますが、基本的には多頭飼育できる種が多いです。特に陸棲種は温和な種が多いので、飼育ケースの容量だけオーバーしないように気をつければ(入れすぎると汚れも早いので)、多頭飼育は十分楽しめます。ただ、逆に1匹だからかわいそうという考えは持たなくて大丈夫です。元々群れて嬉しい習性はないので、1匹で悠々自適な生活も良しです。

Q キッチンペーパーやペットシーツを床材にして飼育できますか?

A たまにいただく質問です。できなくはないと思いますが、なぜそれを使いたいと思うのか、筆者には非常に疑問です。まず見ためがカッコ悪い。せっかくの有尾類が台なしです。また、汚れたらいちいち全部交換しなければならないのでめんどくさいうえに個体も落ち着かない。そして、保水力もあまりなく乾きやすい。以上、どう考えても有尾類の飼育に向いているものとは思えないのですが…。

Q 人工飼料だけで飼育できますか?

A 餌付いている個体であればそこから先も食べてくれると思われるので、可能だと思います。言い換えれば、人工飼料のほうが虫よりも栄養価は高いので、人工飼料を食べてくれたほうが都合は良いです。ただ、たまに途中で食べなくなる個体もいるので、そうなると生き餌に頼るしかなくなります。「100%生きた虫は触れない!」という人は飼育を諦めたほうがいいかもしれません。

Q 旅行で1週間弱家を留守にする際、気をつけることは何ですか?

A 季節にもよりますが、何よりも温度です。特に気温が高くなる時期、もしくは非常に寒い時期は、設定をゆるくしてでも良いのでエアコンをかけていくことを推奨します。餌は、生まれたての幼生などでなければ、1週間や10日間与えなくても何の影響もありません。一番良くないのは、行く前にたくさん与えてから出かけるという行為です。生き餌をたくさん投入するともちろんすぐには食べきれず、餌の虫が個体にまとわり付いて非常にストレスになります。お出かけ前日、もしくは前々日にいつもの量を与え、水入れをきれいにする(水棲種なら水換えをする)だけで問題ありません。心配ならば床材を交換しても良いでしょう。

Q 国産種を自分で採集して飼育したいのですが、悪いことですか?

A 近年は自然保護の動きが活発になり、採集というだけで白い目で見られるようになってしまいました。もちろん、飼育する分以上に採集したり(個人売買目的など)、保護種を採集することは絶対に何があってもダメですが、そうでないならば筆者は悪いことだとは考えません。各地を巡ってアカハライモリを地域別で飼育してみたい、せっかく北海道へ行くからエゾサンショウウオを採集したいなど、生息環境を知る良い機会にもなりますので。ただし、採集する際はくれぐれも生息域を荒らさず、地元の人と揉めごとを起こさないよう、細心の注意を払ってください。「ゴミを捨てる」などは問題外の外の外であり、めくった石や倒木などは元どおりにし、水中から書き出した落ち葉などもできるだけ元に戻してください。また、年々保護対象も増えてきているので、ネットや専門雑誌などで自分の採集したい種の情報を必ずチェックしてください。

Q ネット通販で卵や幼生が安く売られています。買っても大丈夫ですか?

A 質問者さんが飼育の超ベテランで繁殖経験も多数お持ちでしたらダメ元でチャレンジしてみてもいいかもしれませんが、個人的には全くおすすめできません。本文にも書きましたが、有尾類の幼生や卵にはいわゆる「餌要員(生まれつき弱い個体)」が必ずいます。10匹買った中の8匹が餌要因である可能性も十分考えられます。販売者がそれを見極めたうえで選別して販売しているならまだしも、そうは思えないので、特に飼育経験の浅い人には200%おすすめできない売買です。プロショップでは少なくとも卵や生まれたての幼生を売りません。また、生き物の個人売買にはトラブルが多いので、そのへんも注意しましょう。

profile

執筆者
西沢 雅 (にしざわ まさし)

1900年代終盤東京都生まれ。専修大学経営学部経営学科卒業。幼少時より釣りや野外採集などでさまざまな生物に親しむ。在学時より専門店スタッフとして、熱帯魚を中心に爬虫・両生類、猛禽、小動物など幅広い生き物を扱い、複数の専門店でのスタッフとして接客を通じ知見を増やしてきた。そして2009年より通販店としてPumilio(プミリオ)を開業、その後2014年に実店舗をオープンし現在に至る。2004年より専門誌での両生・爬虫類記事を連載。そして2009年にはどうぶつ出版より『ヤモリ、トカゲの医食住』を執筆、発売。その後、2011年には株式会社ピーシーズより『密林の宝石 ヤドクガエル』を執筆、発売。

【参考文献】
爬虫・両生類ビジュアルガイド イモリ・サンショウウオの仲間/山崎利貞 (誠文堂新光社)
クリーパー:東アジアの有尾類 (クリーパー社)
日本の爬虫類・両生類生態図鑑 (増補改訂版)/川添宣広 (誠文堂新光社)

STAFF

監修	西沢 雅
写真・編集	川添 宣広

撮影協力　　　　アクアセノーテ、今岡稔晴、岩本妃順、ウッドベル、エーステージ、
　　　　　　　　エンドレスゾーン、草津園芸、清水金魚、しろくろ、高田爬虫類研究所、小家山仁、
　　　　　　　　尻剣屋、蒼天、TCBF、爬虫類倶楽部、播磨大亮、プミリオ、Babe Rep、松村しのぶ、
　　　　　　　　森光明、リミックス ペポニ、レプタイルショップ、
　　　　　　　　レプタイルストアガラパゴス、レプティリカス、わんぱーく高知アニマルランド

special thanks　　永井浩司

表紙・本文デザイン　横田 和巳（光雅）
企画　　　　　　　鶴田 賢二（クレインワイズ）

|飼|育|の|教|科|書|シ|リ|ー|ズ|

有尾類の教科書

イモリ・サンショウウオの仲間の紹介と各種類の飼育・繁殖方法について

2020年10月13日　初版発行
2022年11月26日　第2版発行

発行者　　笠倉伸夫
発行所　　株式会社笠倉出版社
　　　　　〒110-8625　東京都台東区東上野2-8-7 笠倉ビル
　　　　　☎0120-984-164（営業・広告）
印刷所　　三共グラフィック株式会社

©KASAKURA Publishing Co,Ltd. 2020 Printed in JAPAN

ISBN978-4-7730-6116-1